# 节能砖瓦小立窑实用技术问答

史君洁 史 力 编著

金盾出版社

# 内 容 提 要

本书用问答的形式介绍了竖起来的隧道窑(小立窑)的烧砖技术,特别介绍了定型码坯、定量加煤、定时出砖的均热焙烧工艺。小立窑结构简单、节能高效、操作方便,可取代土窑,适用于小规模固废烧砖和灾后重建烧砖。

本书可作为农村办小砖厂以及建筑废渣制砖的实用技术指导书,也可作为有关培训机构的参考书。

## 图书在版编目(CIP)数据

节能砖瓦小立窑实用技术问答/史君洁,史力编著 . -- 北京：金盾出版社,2012.5

ISBN 978-7-5082-7342-6

Ⅰ.①节… Ⅱ.①史…②史… Ⅲ.①砖—工业炉窑—问题解答②瓦—工业炉窑—问题解答 Ⅳ.①TU522.064

中国版本图书馆 CIP 数据核字(2011)第 269804 号

**金盾出版社出版、总发行**

北京太平路 5 号(地铁万寿路站往南)

邮政编码:100036　电话:68214039　83219215

传真:68276683　网址:www.jdcbs.cn

封面印刷:北京精美彩色印刷有限公司

正文印刷:北京万博诚印刷有限公司

装订:北京万博诚印刷有限公司

**各地新华书店经销**

开本:850×1168 1/32　印张:7.75　字数:195 千字

2012 年 5 月第 1 版第 1 次印刷

印数:1～6 000 册　定价:19.00 元

(凡购买金盾出版社的图书,如有缺页、
倒页、脱页者,本社发行部负责调换)

## 国家科技成果证书

证书编号： 014230

项目名称： 节煤小立窑烧砖技术

完成单位： 夷江节煤科研所

国家登记号： 951047　　登记日期： 1995年8月

中华人民共和国国家科学技术委员会

国家环保最佳实用技术 A 类推广项目证书

1993年国家环保局污控司固体处胡处长、标准技术司科技处负责人李建在小立窑现场考察。图为本书第一作者正在汇报

1988年中国砖瓦协会李秘书长和四川省砖协刘利理事长一行，到小立窑砖厂突击检查

中国建材工业协会　砖瓦协会

史工、冬梅：

工作一定很忙吧。你这次来点设能见面真在遗憾。今年来生的及生产节能做了大量工作，取得了很大的成绩，为节能砖做出了贡献。也很高兴看向你的情况。

……看到很多企业在生产……开花，节能效果……但要掌握……

……对你们协会以以后工作表示感谢……

李㲽典
5·13

中国建材工业协会　砖瓦协会

**1993 年中国砖协秘书长的来信**

# 节能砖瓦小立窑发展历程

1976 年四川省召开曲线窑烧砖现场会。

1977 年江苏滨海千斤顶卸砖的立窑见报。

1977 年中建西北设计院设计出用吊丝机卸砖的立窑(俗称吊丝窑)社队小砖厂整套图纸。

1983 年《砖瓦》第 2～3 期发表的江苏省苏州地区砖瓦小立窑调查报告,称:"立窑窑型不适宜于烧砖,质量问题不可能得到解决,不能推广"。

1984 年吊丝窑通过河南省级技术鉴定,其产砖质量可达 75～100 号,随即掀起一股吊丝窑热,但因无成套科学焙烧技术,质量不稳定。

1986 年《砖瓦》第 4 期编辑称:"应众多读者的要求"发表了编辑部委托组成的"节煤小立窑烧砖技术调查组"的调查报告认为:"外观和内在质量指标都比较满意,对乡村搞活经济、发展地方建材产品、节约能源有一定的推广价值"。同时发表了史君洁的论文。

1987 年 4 月由四川省夹江节煤科研所研究成功,产砖强度黏土砖达 150 号、页岩砖达 200 号的"节煤小立窑烧砖技术"通过省级技术鉴定。

1987 年先后与四川省节能中心、《砖瓦》杂志、《农村实用工程技术》杂志、县科委等联办"节煤小立窑烧砖技术"培训班 10 多期。

1988 年 7 月中国砖瓦协会秘书长李从典和四川省砖协刘利理事长等一行到夹江小立窑砖厂现场突击检查。随后国家建材局西安砖瓦研究所研究室主任、情报室主任、省建材局副局长、总工和省建研院院长一行到现场,亲手加煤并等烧出砖来后再到夹江节煤科研所,探讨"为什么比大学教材上的热耗还要低"的问题,并得到肯定的结论。

1988年9月JCY-1型节柴砖瓦小立窑通过部级技术鉴定。

1988年中国砖瓦协会和国际省柴灶基金会中国点分别发文，办小立窑技术培训班。

1989年西德《国际砖瓦工业》第7～8期发表了第一篇来自中国的论文《在农村普及推广节煤砖瓦小立窑走具有中国特色的农村制砖节能省土的道路》（作者史君洁）。此前，联合国科教文组织、粮农组织的刊物和国际学术交流会发表了史君洁的论文。

1989年"节煤小立窑烧砖技术"获四川省政府科技进步三等奖，"JCY-1型节柴砖窑"和"SJY-1型竖井节能窑"获农业部优秀成果二等奖。

1989年西德携联合国开发计划署的资金来华寻小立窑技术，拟在东南亚发展砖瓦工业，在印度建成示范窑。现印度正在越南、南非等国推广小立窑。

1987年以来全国许多报刊、电台、电视台纷纷报道"节煤小立窑烧砖技术"。中央电视台第二套节目国家科委主办的"星火科技"栏目，在1992年5月3日和1995年5月17日两次播出。

1992年9月"节煤（柴）砖瓦小立窑"获全国新技术金奖。1993年获联合国TIPS发明创新科技之星奖。

1994年国家环保局批准夹江节煤科研所为技术依托单位的"节煤小立窑烧砖技术"为国家环保最佳实用技术A类推广项目。

1994年12月"节煤小立窑烧砖技术的推广应用"获国家环保局科技进步三等奖。

1995年国家科委给夹江节煤科研所颁发了"节煤小立窑烧砖技术"国家级科技成果证书。

2005年刚果（布）建设部副部长到四川夹江寻求小型烧砖技术。

2007年南非、苏丹等国到夹江节煤科研所参加现场技术指导。

# 前　言

伴随人类数千年的烧砖土窑，早已成为国内外公认的高能耗"煤老虎"，近年来又多了一个毁田制砖的"土老虎"恶名！工业发达国家早在战后重建时一举消灭了土窑。但发展中国家经济欠发达，特别是农村居住分散、交通不便，要改善住房就需要就近生产小批量红砖。

用节能小立窑取代土窑，再由大窑取代小立窑是农村砖瓦工业发展的必由之路，但都有一个阶段性问题。当前，尤其是西部不发达地区，如果用 22 门以上的轮窑取代土窑，不符合农村人力、物力、财力、运力和消费能力的现状，显然是不现实的，更不可能都改为全自动化大型隧道窑（人均年产砖 500 万块，运距可达1000km）。

投资数千元 7 天就能建成一门年产 100 万块红砖的小立窑是个较好的选择。从结构原理上讲，小立窑就是竖起来的隧道窑，也是使砖走火不动的固定五带连续焙烧技术。它与大隧道窑相比有几大优点：首先是有三定均热焙烧技术，不用看火也不用计算机就能自动控制稳定的烧砖质量；其次，窑室的码坯密度 450 块/m³ 左右，比隧道窑提高一倍以上；第三，不需窑车进窑，避免了窑车间隙式进出窑室反复加热、散热的热量浪费；第四，小立窑的烟气自然上升，靠窑室的高度和室内外温差形成的窑内负压，实现了负压燃烧、正压排潮的烟风系统自然流动工况；第五，克服了隧道窑违背自然规律，要消耗能量去强迫烟风水平流动的弊病；第六，焙烧热耗（含利废热）仅 553～836kJ/kg，比全自动隧道窑的 1170～1340kJ/kg 节能约 40%。所以，小立窑是取代土窑在工矿利用废渣烧砖和建筑工地利用挖方废土临时就地烧砖，特别是灾后重建的地方最适用的节能型窑。

中国砖协前秘书长给作者来信称："小立窑已遍地开花，节能效果都比较好，但质量差一些"。说明该技术很容易仿效，如果不掌握科学的焙烧技术就难保烧砖质量。故本书第一作者在古稀之年写出此书，为发展中国家发展砖瓦工业和农村烧砖节能减排，提供现阶段的技术支撑。

本书的撰写，一方面为已建的小立窑升级上档，掌握完整的小立窑科学焙烧技术，以保证既节能又高质的本能特色；另一方面为指导新建小立窑少走弯路，一开始就走上正轨；三则为中国人民独创的小立窑做一个系统全面的总结，为后人的研究改进创造有利条件。

本书的问世，首先要感谢支持我走上这条专业道路的，前国家计委清仓节约办节煤负责人林云高和前中科院能源研究室负责人徐寿波（现中国工程院院士），谨此表示崇高的敬意！

在本技术研发和推广过程中，得到前四川省节能中心王坤明工程师、中国测试技术研究院邹必谦研究员、史君缄高级工程师、江成德高级建筑结构师、江瑞春工程师、江瑞容建筑设计师，夹江县科委徐光荣主任、副主任万泽胤、厂长车士宏、前中国砖协秘书长李从典、《砖瓦》杂志社前主编尚乃伟、前国际省柴灶基金会中国中心点副主任郝芳洲、前国家环保局科技司副司长陈尚芹、科技处前处长柯湧潮和李建、前污控司固体处胡处长、前中国环保产业协会技术部副主任宋安宁高级工程师等相关专家和领导的大力支持。本书除建筑施工图外的其他插图均由夹江县焦点彩印厂技术员向珍制作，文字输入和编排由李文玲完成，在此一并致以衷心的谢意！同时恳望专家和读者提出批评意见，愿在我辞世以前还能再行修正（技术咨询：jjjm56625487@126.com）。

作者

# 目  录

# 第1章　砖与砖瓦工业

## 1.1 烧结普通砖

**1. 什么是砖？什么是标准砖？**

砌筑用的人造小型块状材料称为砖,其外形多为直角六面体(也可为异型),其长度不超过365mm、宽度不超过240mm、厚度不超过115mm。若长、宽、厚中有一项大于砖的尺寸,但厚度不大于宽度的6倍,长度不超过厚度的3倍时,称为砌块。

在一般设计使用状态下,水平面的长边尺寸称"长"、水平面的短边称"宽"、竖直的尺寸叫"厚";砖的长度与宽度所形成的面叫"大面"、长度与高度所形成的面叫"条面"、宽度与厚度所形成的面叫"顶面"。

国家规定:外形尺寸为长240mm、宽115mm、厚53mm的砖称为标准砖(图1-1)。

**2. 什么是烧结砖? 什么是蒸压砖? 什么是免烧砖? 烧结砖有哪些品种?**

烧结砖是以黏土、页岩、煤矸石、粉煤灰等

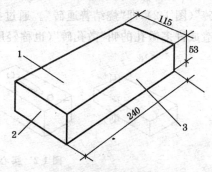

**图1-1　标准砖条面**

1. 大面　2. 顶面　3. 条面

为主要原料经焙烧而成的砖;蒸压砖是以砂、废渣等为主要原料,掺入少量胶凝材料,经粉碎、搅拌、压制成型、蒸压养护而成的一种未经焙烧的砖;免烧砖是免烧、免蒸的砖。

烧结砖的品种如下:

(1)以主要原料来命名。烧结黏土砖、烧结粉煤灰砖、烧结煤(炉)渣砖、烧结页岩砖、烧结煤矸石砖、烧结垃圾砖、烧结淤泥砖、烧结铬渣砖、烧结赤泥砖等。在不致混淆的情况下,可以省略"烧结"二字。

(2)用制坯成型方法来分。手工成型的称手工砖,机制成型的叫机制砖,机制砖中还有挤出成型与模压成型之分。

(3)以焙烧时燃料添加方法的不同来分。又分为内燃砖和外燃砖。完全由外面加热焙烧的叫外燃砖,砖坯里面含有一些热值的叫内燃砖。内燃砖又因所含热值不足以烧成,还需外部补充供热的叫半内燃,砖坯所含热值刚够烧成的叫全内燃,砖坯含热除烧成外还有多余热量可供给干燥用的叫超内燃烧砖。

(4)以烧成后砖的颜色称呼。红色的称红砖,青灰色的称青砖。

(5)按砖的规格来分。无孔洞或孔洞小于 25% 的砖称"实心砖"(图 1-2),即"烧结普通砖"。通过掺入成孔材料经焙烧在砖内造成许多微孔的叫"微孔砖"(也称轻质砖或隔热保温砖)。

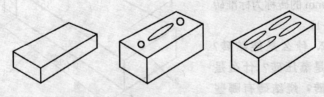

**图 1-2 实心砖**

(6)孔洞率等于或大于 25% 常用于承重的称"多孔砖"(图 1-3)。孔洞率等于或大于 40% 常用于非承重部位的叫"空心砖"(图 1-4)。

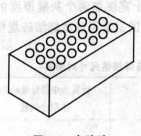

图 1-3　多孔砖

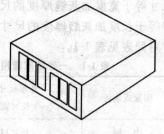

图 1-4　空心砖

（7）按砖的用途分。专用于拱、壳结构的带钩、槽的多孔砖叫"拱壳砖"。砌花墙或其他建筑装饰专用的空心砖称"花格砖"。专用于铺地面的薄砖称"地砖"（地面砖）。

**3. 红砖与青砖有什么实质区别？**

我们最常见的红砖是在通常的焙烧工艺下，窑内呈氧化气氛（即空气充足条件下）烧成的。因其砖坯里含有的少量铁质氧化生成红色三氧化二铁（$Fe_2O_3$），故得名红砖。

青砖则是在砖坯烧成后向窑内注入水，水变为水蒸气，其体积要扩大 1000 倍。窑内蒸汽压力大，窑外的空气进不去，窑内呈缺乏氧气（空气里含有 21％的氧气）的还原气氛。此时，铁质大量生成氧化亚铁（FeO），而氧化亚铁呈黑色。科学家对一种砖的颜色有效成分进行过检测，在砖体呈红色时 $Fe_2O_3$ 为 5.35％，FeO 仅为 0.12％；同样的原料当呈灰色时 $Fe_2O_3$ 为 3.43％，FeO 为 1.85％；当砖呈黑紫色时 $Fe_2O_3$ 为 2.14％，FeO 为 3.00％。所以青砖与红砖的实质区别是铁的氧化物所呈现的颜色不同。两者强度上并无区别。青砖现在主要用于古建筑的修缮。

**4. 国内外常用砖的规格有什么差异？**

一般来说，各国都以砌筑时人的手掌握住用于承重墙实心砖的方便程度和操作习惯，规范出符合建筑设计模数的砖尺寸，所以又俗称"单手砖"。中国规范的砖尺寸是以两个厚度加灰缝厚度的尺寸等于宽度加灰缝厚度的尺寸,两个宽度加两个灰缝厚度的尺寸等于长度加灰缝厚度的尺寸。一些国家常用普通烧结砖规格尺寸对照表见表1-1。

表1-1 一些国家常用普通烧结砖规格尺寸对照表

| 国家或地区 | 外形尺寸(mm)<br>长×宽×厚 | 折算为中国标准砖的<br>体积比例数 |
|---|---|---|
| 中　国 | 240×115×53 | 1 |
| 中国香港 | 225×105×70 | 1.13 |
| 新加坡 | 230×102×76 | 1.22 |
| 泰　国 | 170×60×60 | 0.42 |
| 越　南 | 220×105×60 | 0.95 |
| 朝　鲜 | 190×90×65(57) | 0.76(0.67) |
| 韩　国 | 190×90×65(57) | 0.76(0.67) |
| 马来西亚 | 225×105×90<br>225×100×70 | 1.45<br>1.07 |
| 尼泊尔 | 240×115×53 | 1 |
| 缅　甸 | 244×117×79 | 1.54 |
| 印度尼西亚 | 240×115×48 | 0.90 |
| 巴基斯坦 | 228×114×76 | 1.35 |
| 菲律宾 | 225×102×51 | 0.80 |
| 澳大利亚 | 230×115×65 | 1.175 |
| 俄罗斯 | 250×120×65<br>250×120×88 | 1.33<br>1.80 |

**续表 1-1**

| 国家或地区 | 外形尺寸(mm)<br>长×宽×厚 | 折算为中国标准砖的<br>体积比例数 |
| --- | --- | --- |
| 伊拉克 | 240×115×75 | 1.41 |
| 伊　朗 | 220×105×55 | 0.86 |
| 德　国 | 240×115×71 | 1.33 |
| 英　国 | 210×102.5×65 | 0.97 |
| 法　国 | 220×110×60 | 0.99 |
| 美　国 | 203×95×57 | 0.75 |
| 南　非 | 222×107×73 | 1.18 |

# 1.2 砖瓦工业的发展历程

**5. 砖瓦是怎么产生的？最早的烧结砖产自何处？**

人们经过长期的实践和观察,发现烧过火堆的地面被烧熟陶质化以后,雨淋、水淹都不变形,有防水的功能。用于砌墙的烧结土块就算是烧结砖的雏形。用来遮雨的烧结土块就算瓦了。

经考证,人类的焙烧技术早于 2.2 万年以前,中国也已发现了距今 1 万多年前的烧土陶的炉窑;埃及考古也发现了公元前13000 年手工制砖坯的遗迹。所以,随着考古发掘的进展,烧结砖的出现时间还可能提前。

**6. 为什么说"中国砖瓦四千年"？"秦砖汉瓦"是什么意思？应该消灭"秦砖汉瓦"吗？**

(1)砖瓦业是在土陶业的基础上发展起来的,中国战国时期的建筑遗址中,已发现条砖、方砖和栏杆砖等,甚至还有空心砖和饰面砌筑砖;瓦的出现更早,从西周时期的建筑遗址中已发现板瓦、筒瓦、半圆形瓦当和脊瓦等。不难推断,中国砖瓦业的发展最少已持续了四千年,所以有"中国砖瓦四千年"之说。

(2)所谓"秦砖汉瓦"并不是说砖始于秦而瓦始于汉,而是说砖的普遍使用在秦。

汉朝时条砖的质量和尺寸已与现在相近,其长、宽、厚的比例约为 4∶2∶1,说明砖在建筑砌体上已有模数的性质。砖瓦上的饰图更有生产活动、远古传说等砖刻图案,使砖瓦不仅有实用价值、历史价值,还有艺术价值。

秦汉时期砖瓦业盛况空前,这是中国砖瓦行业发展的一个重要时期。烧结砖瓦就有了"秦砖汉瓦"的美名,而且传颂至今。

(3)近几十年来,由于建筑工业化的发展,出现了许多所谓"现代化"的非烧结建筑材料,特别是片面认为以黏土为原料必然毁田,用燃料焙烧必然浪费能源和污染环境,所以有人喊出了"消灭秦砖汉瓦"的口号。

随着黏土原料的扩展,特别是土丘、土山、河泥、湖泥、海泥、页岩及工业废渣的利用,砖瓦焙烧过程的节能减排技术进步;几千年前的建筑遗址上的砖,至今仍然具有使用价值,其强度高、寿命长、稳定性好、长期不收缩、不开裂、不风化。从砖瓦的生命周期来评价,烧结砖是最经济、最能与生态环境和谐相处的优良建筑材料,是最佳综合物理、生物、建筑和美学性能的,甚至被认为是"永恒"的建筑材料。截至目前,还没有哪一种建筑材料可以完全替代烧结砖。所以不应"消灭秦砖汉瓦"。

**7. 欧洲对现代砖瓦工业有哪些贡献?**

欧洲国家在 1799 年出现了模仿手工成型的制砖机械,1827年制出单块压瓦机,1854 年发明螺旋挤出成型机,实现了工业制砖的重大突破;1858 年连续焙烧的轮窑(图 1-5)获得普鲁士专利,带来了砖瓦焙烧窑炉的决定性突破;1877 年隧道窑(图 1-6)获德国专利,1895 年又建成第一个室式干燥室,奠定了当今砖瓦工业快速发展的基础。

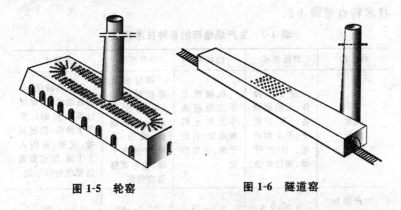

**图 1-5　轮窑**　　　　　　　**图 1-6　隧道窑**

**8. 砖瓦业的发展前景如何? 发展中国家的砖瓦业有哪些特点?**

(1)在企图用混凝土建筑取代砖混结构建筑受挫后,人们认识到混凝土建筑的维修费用要超过生产费用,烧结砖作为一种理想的建筑材料又重新活跃起来了。

但随着能源日益紧缺,节能建筑已是人们的迫切要求,因而大型砖、空心砖、轻质砖,以至楼板砖、墙板砖将会获得很大的发展。其他建筑领域所需的多样化品种,如下水道砖、盖板砖、烟囱砖等已定型标准化。将来砖的性能主要不仅在于它的耐久性,还必须以其广泛的适应性而赢得市场。

(2)由于发展中国家的农村交通闭塞,砖瓦业发展的分散性也是一个非常重要的特点,加之农民文化低、无技术、缺资金,所以现代化设备齐全的高技术无法适应,就是中等规模的技术也不是能马上适用的。

早些年,国外有人对不同技术砖厂的投资和雇用劳动力的情况作过一个简单的比较:一个中等技术年产 1500 万块砖的普通砖厂,需投资 350 万美元,可安排 50 个劳动力;而一个全机械化的相同规模的砖厂,则需投资 550～700 万美元,只需要劳动力 35 人。而且这些劳动力还必须具有相当的技术水平。生产烧结砖的各种技术特点见表 1-2。

表 1-2    生产烧结砖的各种技术特点

| 特　性 | 最低技术 | 低技术 | 中等技术 | 高技术 |
|---|---|---|---|---|
| 技术<br>特征 | 全手工操作,无机械设备。手工挖土、手工制砖坯、自然干燥、围窑焙烧 | 机械挖土手工制坯或手工挖土机械成型、自然干燥、土窑焙烧 | 部分或全部机械操作(手工比例小),机械制备、成型,简单的室内干燥、轮窑或隧道窑焙烧 | 完全机械化,全部自动化,全部由计算机控制。无手工操作,机械制备、成型、室内人工干燥、隧道窑或机械化轮窑焙烧 |
| 生产能力<br>(百万砖/年) | 0.2～2.5 | 2.5～15 | 12.5～50 | 30～120 |
| 年产百万<br>砖用工人数 | 25～30 | 12～20 | 1～6 | 0.2～1 |
| 人均年产砖<br>(万块/年·人) | 3～4 | 5～8 | 15～100 | 100～500 |

## 9. 国外现代砖瓦工业有哪些发展动向?

曾因建筑工业化而一度受挫的砖瓦工业现在又重新活跃起来。如波兰在 20 世纪 70 年代片面强调发展大型混凝土构件建筑,致使许多砖瓦厂停产倒闭。1983 年全国产砖 1.94 亿块,仅为 1970 年的一半左右,后来大量投资于砖瓦工业,使 1990 年的砖产量增加到 14.73 亿块,为 1983 年的 7.6 倍。砖的产品结构往大块、空心的方向发展,据法国、西德、意大利、比利时、荷兰等国的统计,空心砖 1981 年已占砖产量的 77.8%,同时由单手砖发展为双手砖,乃至制造出宽 1.2m、厚 30cm 的多孔层高墙板。

砖瓦厂的规模也向大型化发展,如德国 1950 年的砖厂年平均产砖 1000 万块,30 年后年平均超过 4000 多万块,甚至建成年产 1.2 亿块的自动化工厂。

现在砖瓦生产除了提高热效率外,采用含碳废渣掺入制砖泥料,即所谓内燃烧砖,可以节能节土 30%～50%,甚至实现完全不消耗燃料,如全煤矸石烧砖。

环境保护方面,要进行脱硫、脱氟和减少温室气体的排放。

原料方面,要扩展制砖泥料的来源,把一些劣质原料通过加强制备过程,使之尽可能接近原优质泥料的质量水平,尽量减少黏土的消耗。

# 1.3 中国砖瓦业的特点

**10. 为什么说砖瓦的生产基地在农村?为什么小型砖瓦厂适用于广大农村?**

(1)1987 年中国农村人口占总人口的 70%,乡镇企业产砖量已达 3314.74 亿块,占全国年产砖量的 83%。近年来,国营砖厂的改制,乡镇和私营企业生产的砖瓦已超过 98%,这源于制砖原料在农村、劳动力在农村,而且产砖量的 70% 也销售到农村的基本条件使然。

(2)除了城镇近郊农村的砖瓦厂可以作为砖瓦工业的组成部分外,广大农村居住分散、局部用砖量少,加上技术、经济、交通等条件的制约,别说高技术的大规模砖瓦厂,即使是中等技术、中等规模的砖瓦厂也不适用,而只能办小型的砖瓦厂。

从节能减排和高效益的原则来说,只有通过技术创新,采用技术含量高,能实现低耗、高效、适用于农村条件的小型砖瓦厂,才能取代传统的高能耗土窑,实现低碳经济的发展。

**11. 砖瓦工业主要存在哪些问题?**

中国砖瓦工业年耗土十多亿立方米,年排污在工业总排污量

中 $SO_2$ 占 4.81%、粉尘和烟尘占 8.45%。

砖瓦产量巨大,小规模生产企业(年产 1000 万砖以下)又占行业主体、技术装备落后。造成能耗总量大,绝大部分污染未治理。

所以国家提出砖瓦工业发展的基本方向和主要任务是:以满足市场需要和可持续发展的双重要求为己任,以烧结、利废、节能、省土、减排为重点,加快技术进步,提高产品质量,提高经济效益。并特别强调,只有通过科技创新才能促进产业结构调整、促使产业转变经营生产方式和推动产业的升级换代,才能实现上述目标。

# 1.4 砖瓦工业技术政策解读

### 12. 为什么要禁止毁田制砖?

中国人均耕地只是世界人均的 1/4。国家规定,耕地保有量的最低底线为 18 亿亩,其中种粮耕地不得少于 16 亿亩。

近年来,砖瓦行业通过推广多孔砖和空心砖,减少黏土资源的消耗,并且每年利用固体废渣 3 亿吨,占全国固体废物利用量的 80% 以上,既减少了环境污染又节省了土源,这样每年毁田减少 50 万亩。

### 13. 发展空心砖、城市禁用黏土实心砖有哪些规定?

国家规定 2010 年全国城市和耕地资源紧缺的农村地区,禁止使用黏土实心砖。今后将继续扩大"禁实"的范围。

全面改造与限制黏土实心砖的生产,加速开发空心制品。近期内重点开发孔洞率 25% 左右的承重多孔砖和孔洞率 50% 左右的非承重空心砖。并在保证质量的前提下,逐步提高孔洞率与标号。

### 14. 鼓励利用的荒废黏土资源主要指哪些?

荒废黏土资源主要指荒山、荒坡、土丘、建筑挖方废土、供水厂污泥及江河湖泊清理的淤泥等。

**15. 充分利用工业废渣的意义何在？**

我国墙体材料革新政策的目的和出发点，主要是为了节约能源、减少对耕地的破坏和保护生态环境，其具体措施是：要因地制宜合理利用地方资源与工业废渣。

工业废渣掺入制砖泥料，首先可以节约相应体积的黏土，还可以利用如粉煤灰、煤渣、煤矸石等废物中含碳成分的热量，既可以节约黏土又可节约燃料。此外，加入废渣后可以降低砖坯的干燥敏感系数和干燥线收缩率，减少干燥时间和报废率。

**16. 利用废弃建筑物的碎砖、混凝土等生产再生人造建材有何作用？**

废弃建筑物拆下的砖瓦可循环使用。而废弃的碎砖瓦可以粉碎后加入泥料用于制砖，粗碎成一定尺寸后做低标号混凝土的集料；废混凝土经破碎后其颗粒可做混凝土的集料，碎粉可做掺和料。

**17. 发展大规模砖瓦企业有何意义？**

砖瓦厂向大型化发展，首先可以节省投资。国外证实，一个年产 1 亿块标准砖的厂比年产 5000 万块的厂，投资只增加 30%，人员只需增加 10%～20%，而管理费几乎不增加；其次是劳动生产率大大提高，全机械化制砖工艺的人均年产砖 15～17 万块，半自动化的工厂人均年产 100 万块，全自动化工厂的人均在年产砖可达 400～500 万块；第三是能耗下降，焙烧热耗一般水平为 1680～3360kJ/kg，西德于 20 世纪 80 年代建造的年产 1.2 亿块砖，由电子计算机控制的隧道窑，热耗仅 1170～1340kJ/kg；还能提高科研和高附加值产品的开发和生产能力，以及市场应变和污染治理的能力。

**18. 推广新型墙体材料主要有哪些？**

推广孔洞率为 25%～40% 的承重多孔砖和孔洞率大于 50% 的非承重空心砖，推广页岩砖和粉煤灰、炉渣、煤矸石、垃圾等掺入量大于30%的烧结砖,推广蒸压砖、加气混凝土砌块和混凝土空心小型砌块等非烧结砖。

**19. 提高砖的保温、隔热和防水性能的作用是什么?**

中国建筑能耗与国外差距很大,国家要求建筑节能50%～65%,而空心砖导热系数小,具有良好的隔热保温性能。如果孔型设计得当,完全可以在南北地区以单一材料满足建筑节能的指标要求。空心砖的蓄热系数大,热稳定性能好,在室内外温差比较大的情况下,室内温度的波动小。同时,墙体湿传导速度快,居室内不会出现潮湿、闷热现象,非常适合居住。很显然,这是改善人居条件和建筑节能双赢的效果。

**20. 为什么要减轻砖的自重和增强自装饰效果?**

砖的重量减轻后砌筑的墙体重量也减少,即可节省基础工程的投资和材料消耗。

自装饰是让砖自身的颜色均匀、色彩可人(这可以通过加强制备和采用着色措施来实现),就可以直接使用清水墙面而不必再抹砂浆,也不再需要外刷涂料、喷漆或瓷砖贴面,这就可以节约建材和大量的人工。

**21. 为什么要发展烧结砖,淘汰免烧砖?为什么要淘汰低标号砖?**

(1)发展烧结砖的原因有:烧结砖强度高、寿命长(可千年不变),体积稳定性好,长期使用不开裂、不收缩(这是非烧结材料很难办到的);烧结砖还有很好的隔热、保温性能,防火、隔声;施工灵活,基本不需要维修;生产过程中也可不排废料;特别是建筑物的生命周期结束后,烧结砖便于分离,而且绝大部分可以循环利用,即使不利用也不会对水源、大气、土壤造成危害。

当然,生产烧结砖应当不用耕地土,尽量利用余热烘干坯体和物料;尽量不用或少用原煤,而使用低热质的劣质煤、煤矸石、粉煤灰、煤渣等含有一定热值的废料;积极采用可再生清洁能源。

一些规模小、生产工艺方法落后、管理又粗放、产品质量低劣的免烧、免蒸的墙体建筑材料,即免烧砖,给建筑工程带来许多问题和隐患。所以应当淘汰免烧、免蒸的所谓"免烧砖"。

(2)标号表示砖的强度,以前的标准都是以每平方厘米能耐多少公斤力的数值,规范为 50 号、75 号、100 号、150 号、200 号,即砖的抗压强度分别为 $50kgf/cm^2 \cdots 200kgf/cm^2$ ,2003 年颁布的烧结普通砖的国家标准 GB5101—2003,将砖的标号改为 MU10—MU30(相当于原标号的 $100 \sim 300$ 号,即抗压强度为 $100 \sim 300kgf/cm^2$ )。标号越高强度也越高,其建筑物抵抗风化和抵抗灾害的能力也就越高,安全性也越高,使用功能越可靠。所以,为了保证建筑物的安全舒适、经久耐用。应淘汰低标号砖。

**22. 普及推广内燃烧砖技术的意义何在?**

内燃烧砖技术就是在制砖泥料中掺入含碳物,在砖坯燃烧过程中能再燃、放出热量用于烧砖的技术。

内燃多用煤矸石、粉煤灰、煤渣等含碳物质粉碎后加入制砖泥料。按规定,内燃热量只计入"热耗"而不计入烧砖"煤耗"。所以有的砖厂烧砖煤耗降到 0.1~0.2 吨/万砖,甚至可以完全不耗煤;内燃料加入多少也就节约多少黏土;加入内燃料后可降低砖坯干燥敏感系数,加速干燥,既缩短生产周期,又降低废品率;烧成的砖重量轻、强度高、保温性能好。所以内燃烧砖是化废为宝,经济效益和环境效益兼得的好事,应当大力普及推广。

**23. 淘汰高能耗土窑、推广节能窑的意义何在?**

土窑烧砖不仅劳动强度大、产品合格率低,由于其燃料消耗量太大而被称为"煤老虎",更由于其处于无人管理的状态时,又是毁田制砖的"土老虎"。

淘汰土窑是砖瓦行业的必由之路,政府也明令取缔。1995 年7 月国家环保局、农业部、国土局和建材工业局的"关于加强砖瓦行业环境保护工作的通知"称,一些地区的小土窑(马蹄窑)烧砖不仅没有得到禁止,而且还有增加的趋势,毁田烧砖的现象也十分严重,蚕桑区砖瓦工业的污染问题还比较突出,尤其是许多地方放松了对砖瓦工业的节能技术改造和污染防治,造成严重的环境污染。

该文件明令:除边远贫困地区外,各地一律不得用小土窑(马蹄窑)进行砖瓦生产,已经建成的必须关停。

但是由于小土窑灵活性大、建窑投资少、上马快,可以就地生产就近供应,小本经营等优点,边远贫困地区建小土窑仅用些人工就可以建成。手工制坯,需砖时就烧,农忙时就停,所以在农民自己改善住房和经济发展的初期自然使土窑越来越多。

2006年温州市拆除小土窑493座;2008年7月武汉市还有161家土窑砖瓦厂仍在生产实心砖;2009年7月龙海市的榜山镇采用补贴办法,有证的补贴2万元,无证的补贴1万元,作为拆除砖瓦土窑的措施之一。

在我国经济起步阶段,全国建造世界上最节能的"节煤小立窑"遍地开花,为乡镇企业的发展立下汗马功劳。随着经济的发展已有绝大多数地区用大窑型砖厂取代了小立窑,这也是一个历史发展的必然规律。对于后发展地区现阶段应大力推广节能小立窑,在政策和金融方面克服应用的障碍,扩大在农村推广和应用的力度和范围,以取得显著的节能减排效果。对于边远贫困地区需进一步加强人员培训、能力建设、信息传播、技术改造和示范等方面的工作,不再"除边远贫困地区以外"而是都纳入"推广节能窑,淘汰土窑"范围,为节能减排、保护耕地作出更大成效。

# 第2章 农村烧砖和小立窑的特点

## 2.1 农村自用烧砖和砖瓦生产初期的烧砖

**24. 农村自用烧砖与"砖瓦工业"有何区别?**

(1)农村最初是用湿润的泥土夯堆为墙,后用砖坯砌筑,进而采用烧结砖砌筑墙体。其烧结砖一般就地取材建土窑烧制。

用固定土窑烧砖时,由有经验的人帮助装窑和看火把关烧窑,一般一个星期左右即可烧成停火,待逐渐冷却后再出窑。如需烧青砖,就在烧成后从窑顶上浸水"饮窑",使变色和冷却同时进行。

(2)随着需砖量的逐渐增大,土窑的数量便随之增加。这算是农村"砖瓦工业"的雏形。当经济发展了,实力增强了,运输比较通畅之时,就自会改小窑为大窑以实现规模效益,进入常规砖瓦工业的行列。

**25. 为什么说节能砖瓦小立窑是农村制砖的必然选择?**

节能砖瓦小立窑的焙烧热耗(含内燃废渣的热值)仅为土窑的1/6,还可以做到全内燃而不用原煤;节能小立窑可以做成移动型,便于就地利用建筑工地的废土和农村散在的零星土源,还有完善的废渣烧砖工艺,可以避免毁田烧砖;节能小立窑操作简单、工况稳定,容易保证烧砖质量;节能小立窑既可生产实心砖、多孔砖、混烧瓦、混烧石灰,专烧石灰,还可烧制节能炉具;节能小立窑可以全面治理硫、氟等大气污染,同时可大幅度减排温室气体。

节能砖瓦小立窑已经推广应用20多年,技术成熟,容易普及推广。只要稍经培训,普通农民都可掌握生产技术,完全取代土窑,进行农村节能砖的生产。

### 26. 为什么说节能小立窑是中国对砖瓦工业的贡献？

发展中国家经济发展起步较晚、交通条件较差，从烧自用砖到大批量生产有一个较长的过渡时期，尤其是在砖瓦进行商品生产的初级阶段，而且此时又适逢能源紧缺、环境日益恶化的现实，就必须有一种可节能减排的、规模可大可小的小批量烧砖的小窑型烧砖技术。

在中国经济起步时期，几乎全国各省都在探索符合时代发展要求的小窑型。四川省建材工业研究所在1961年研究成功曲线滑板取砖的煤渣砖窑炉的基础上，1972年完成了焙烧黏土砖的工业性试验，并于1976年召开了曲线窑烧砖现场会，这恐怕就是世界上最早的砖瓦小立窑了(图2-1)。

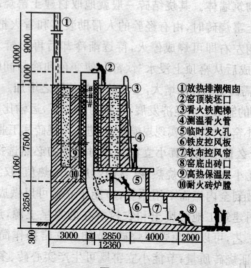

①放热排潮烟囱
②窑顶装坯口
③看火铁爬梯
④测温看火管
⑤临时发火孔
⑥铁皮控风板
⑦软布控风帘
⑧窑底出砖口
⑨高热保温层
⑩耐火砖炉膛

**图 2-1 曲线窑**

江苏滨海县也于20世纪70年代推出一种小立窑(图2-2)，虽比曲线窑稍晚，但已经有了现行小立窑的基本特征。1977年中国建筑西北设计院也改进设计出较完整的推广图纸，并用吊丝机取代了最初的千斤顶,这就是风靡一时的吊丝窑(图 2-3)。同期进行研究的还有河南、山东、福建、湖南、安徽、陕西等省,尽管名称计有立窑、悬窑、吊窑、竖窑、竖井窑、烧砖灶、漏窑、方窑等繁多的称谓,但主要只是在卸砖机构上有漏砂器、独丝杆转盘、千斤顶、电动窑车等有所不同而已;窑室基本结构都大体相似。

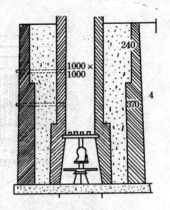

图 2-2　滨海小立窑

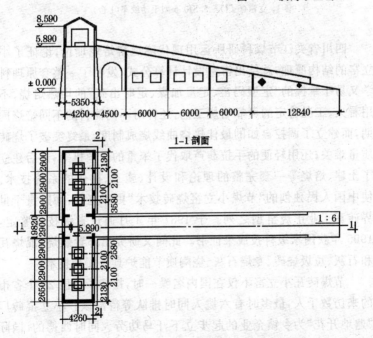

1-1 剖面

**图 2-3　西北设计院之立窑烧成车间工艺平剖面**

1. 立窑(6门)　2.SJ0.5型手动绞车(1台)

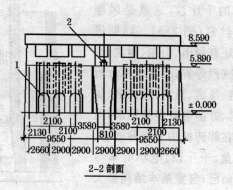

2-2 剖面

续图 2-3
1. 立窑(6门)　2. SJ0.5 型手动绞车(1台)

四川省夹江节煤科研所运用现代隧道窑焙烧理论,论证了小立窑的结构原理,总结出窑室设计计算公式;发明了一整套原理科学又易于掌握的"定型码窑、定量加煤、定时出砖"的均热焙烧、不用看火、工况稳定的可靠焙烧工艺;还针对不同泥料的不同焙烧周期,而建立了调控自如的最佳焙烧曲线烧成制度,最终突破了烧砖质量难关;还用轻便的手拉葫芦取代了笨重的吊丝机等,最后建立了土建、焙烧等一套完整的理论和设计、施工、操作的系统技术。使中国人民独创的"节煤小立窑烧砖技术"更臻完善,而跻身于世界砖瓦工业正规窑型之列。于 1987 年 4 月通过省级技术鉴定,1995 年获国家级科技成果证书。此间又研究出外置燃烧、混烧瓦和石灰、垃圾烧砖、专烧石灰、烧陶质节能炉具等配套技术。

节煤砖瓦小立窑不仅在国内名噪一时,接待了全国 25 个省市的来访数千人,最多时有六拨人同时排队等待洽谈。小立窑砖厂"遍地开花"为乡镇企业的起步立下汗马功劳。同时西德的《国际砖瓦工业》杂志(图 2-4)、联合国粮农组织的《农村能源》及国际农业工程学术研讨会都相继发表了节能砖瓦小立窑的论文。

**图 2-4　国外刊登的论文**

# 2.2 节能砖瓦小立窑的特点

**27. 小立窑有何特点？其节能原理是什么？**

(1)小立窑好像竖起来的隧道窑，每一门窑都是一个独立的窑室，窑室为正方形的竖直筒，又叫方窑或竖井窑；从运行上来看，小立窑又像是一个巨大的蜂窝煤炉，上口加砖坯，下口出红砖，又称为漏窑；窑室在炉条以上而未在地上，又称为悬窑。窑室内固定 5 带焙烧、连续式生产(图 2-5)。

每门窑可随泥料焙烧周期的不同而为每天产红砖 2000～4500 块，一般每门窑年产红砖 100 万块左右。

(2)小立窑之所以节能，主要是通过两方面来实现的。一方面是让燃料完全燃烧，充分放出其化学热值；另一方面是尽量避免热量的损失，让尽可能多的热量用于烧砖。至于怎样才能使燃料完全燃烧，将在后面专题讨论，这里先说如何减少热损失的问题。

由于高挥发分的煤和柴草需在外置燃烧室内燃烧(亦将于后

专题另论），这里只说低挥发分的无烟煤、焦煤末和贫煤烧砖。

撒在砖坯缝里的煤经过干燥、预热带时已被烧成带排出的热烟气所预热，而空气经过冷却带时被红砖放出的显热所预热，所以容易迅速激烈地燃烧；助燃空气要经过数十层错排的砖缝反复横竖穿插，相当于进行了强制的拌和与分配，能实现煤的完全燃烧，可以基

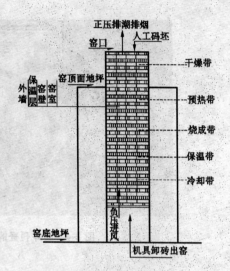

**图 2-5　烧砖小立窑示意图**

本避免气体不完全燃烧损失。煤从燃起后再经过数小时才能进入冷却带，所以容易燃烬，也几乎没有固体不完全燃烧损失。

由于空气与煤接触良好，燃烧时间充足，所以空气供给量可以尽量少，亦即过剩空气系数 $\alpha$ 比较小，一般比大窑小 1 倍左右；而且热烟气的热量用于预热、干燥砖坯，又可把炽烟气排放温度控制在露点温度下限排烟，一般比大窑排烟温度低 100℃ 左右。所以排烟损失也可以降到最低限度。

窑壁与外墙之间约有 1m 的填土保温层，也可以将窑体散热损失降到最低限度。

更具特色的是，小立窑是顺应了烟气热胀变轻后自然上升的科学规律，空气也就自然被吸进窑内。完全符合自然规律，自然地进行负压进风，正压排潮。也就是避免了大窑特有的烟风系统要消耗由热能转换为动能的热量损失。

所以小立窑比任何大窑型都节能。

**28. 为什么说小立窑占地小又生产率高?**

小立窑窑体占地面积相当于隧道窑和轮窑(大窑)的 1/5～2/5,如果建一座年产 2000 万块的小立窑(20 门)只需占地 200m²,而大窑则约需 1000m²。

小立窑码窑密度约 450～500 块/m³,约为大窑的 2～3 倍,每立方米窑室可年产砖 10～20 万块,约为大窑的 5～10 倍。

**29. 小立窑的灵活性如何体现?**

一是建窑简便快捷,建单门窑仅需 5～7 天,当然,若需拆除就更快。

二是产能规模可以逐渐扩大,扩建时可以紧接原来窑体再增一门或多门均可。

三是产砖量可多可少,调节方便,需砖量小时可以停烧一门或多门,任何一门窑需恢复生产时既可重新装窑,也可以在停窑时留下一窑红砖,恢复时直接从上面点火,加坯、加燃料即可。

四是可以建造为移动式,可以随时就近利用零星土源和废渣烧砖。

**30. 普通农民怎样掌握小立窑的焙烧技术?**

普通轮窑、隧道窑尚需人工看火"拿火色",轮窑还得调风闸,技术复杂、繁琐,人为因素对焙烧起着关键的作用。全自动化的窑由电子计算机控制,才能避免人为因素的影响。

小立窑的技术含量体现在"三定"焙烧工艺设计上,即定型码坯、定量加煤、定时出砖。就操作技术而言为低技术,又把人为因素的影响降到了最低限度。

所以,小立窑采用高技术的焙烧工艺制度和低技术的生产操作,既容易掌握又有产品质量的保证,稍经培训普通农民仅需依样画葫芦即可。

**31. 小立窑劳动强度如何?一般可安置多少劳动力?**

由于小立窑在窑上口水平方向搁置砖坯进行码窑,下口出窑时又用了省力的半机械化卸砖设备,劳动强度都不大。

单门小立窑约需 10～15 人(随运距远近而多少),多门窑则可减少一些。

### 32. 小立窑如何利用地方资源?

农村的荒山、荒坡、土丘、江湖清淤的淤泥等可以整体规划,有计划地吃丘造田;对于零星的散土,可以估计好土源量和后续土源,在相对适中的地方建晾场和建窑;特别是可以取高土还低田,既不毁田还可改土改田,实现自流灌溉。

农副产品加工产生的废渣、煤渣和农民生活垃圾中的煤灰渣可以作制砖泥料的添加剂。

所谓地方燃料指当地不宜作商品燃料的劣质燃料,如劣质煤、焦煤末、煤泥、煤矸石、天然焦、石煤、油页岩、煤渣及含碳质成分的工业废渣,这些劣质燃料的灰分往往又是黏土的替代品,所以它们不仅可以燃烧后将灰渣加入黏土泥料中,还可直接粉碎制成砖坯,进行内燃烧砖。当废渣加入量超过 30%,就可享受国家规定的税费优惠待遇;特别是柴草、秸秆、污水、污泥等生物质燃料,不仅可用于烧砖,还可实现二氧化碳($CO_2$)的零排放。

### 33. 小立窑怎样为工矿企业处理废渣?

工矿企业产生的废渣数量、质量相对稳定,应进行前期调研,通过化验、试烧后确定废渣掺进泥料的数量。当以废渣为主时,可以考虑靠近厂矿建窑烧砖,但同时也应考虑黏土的运距,经济上也要合理。

如果工矿废渣量小或工厂附近办小砖厂的地盘有限,就只能靠近土源建窑,将工矿废渣运到农村进行处理。

### 34. 小立窑怎样改土改田?

农民一般近田土而居,许多地方无土源可作烧砖用。但却往往希望降低田土的标高,以便于自流灌溉,这就可以在一片土地的中央建小立窑取中层土用于烧砖。

取土时,先将约 30cm 厚的原耕作层挖起来搁置在旁边,再按设计好的田土标高,挖出可取走的生土供烧砖。接着取土时便可将耕作层土盖在已取过土的田地里,可立即复耕。这样既取了黏土又没有毁田,还进行了农田改造,实现自流灌溉而更利于农耕。

**35. 小立窑对燃料的适应性如何?**

一般将煤与砖坯混装时,小立窑适用于燃用挥发分很少的无烟煤、焦煤末和贫煤等煤种。若当地盛产油、气燃料而无固体燃料时,仅需购置烧咀,亦可烧油和燃气。但只要有固体燃料就不应用油、气等燃料。

当燃用高挥发成分煤时,由于在预热带里,煤中以甲烷($CH_4$)为主的挥发分析出,又没有燃烧的条件,只能与烟气一起排放,既造成可燃气体的浪费又加重了环境污染。因为甲烷就是天然气的主要成分,而甲烷的温室效应潜能是二氧化碳的 21 倍;特别是出窑时卸出一车砖,原预热带的砖坯和煤一下子进入烧成带,煤挥发分呈爆炸性析出,又来不及完全燃烧而产生浓浓的黑烟。而柴草的挥发分数量很大,其析出温度低、燃料粒度又很小,很容易析出挥发分,所以更不宜加在砖坯缝里燃烧。

此时,就应在窑壁与外墙之间建外置燃烧室,让火焰或半煤气进窑烧砖。

所以,小立窑可以燃用多种燃料,特别有利于就地利用生物质和其他劣质燃料。

**36. 小立窑能烧哪些产品? 其产品质量如何?**

(1)通常情况下,小立窑主要烧实心砖和多孔砖,还可以用部分实心或多孔砖承重而混烧空心砖、混烧瓦、混烧石灰(图 2-6),也可烧制节能炉具,在窑下口安装一个炉排还可专门烧石灰。如果需要,另添粉磨设备,还可以配制低标号水泥。

(2)小立窑有一整套符合现代焙烧科学理论、结构合理的窑室和操作技术。小立窑像隧道窑一样采用固定五带焙烧工艺,而且还不用看火加煤,有稳定的焙烧工况,又比土窑和普通轮窑更容易操作,而人为因素影响最小。所以烧砖质量能保证达到 GB 5101—2003 标准的规定。产品合格率一般在 95%左右。

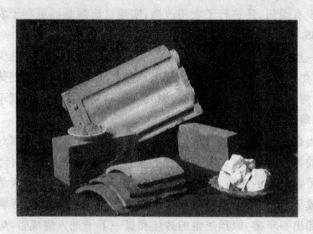

图 2-6　砖瓦小立窑的主产品

### 37. 小立窑砖厂的投资和回收期是多少?

一般情况下,建三门小立窑配一台小型螺旋挤出式湿塑成型制砖机,设备投资为 5 万元左右,年产值约 30 万元,一般可在半年至一年收回投资。

### 38. 小立窑节能减排的效果如何体现?

小立窑结构设计上大量地减少了热损失,还避免了隧道窑窑车反复加热的热损失,更避免了大窑中气体只能水平流动而造成转换为动能的热能损失,所以焙烧热耗非常低。不仅比土窑节能80%以上,还比世界上最先进的焙烧热耗指标节能 30%以上。

小立窑虽可烧手工砖坯,但为提高产砖质量,一般采用小型制砖机制砖坯,自然干燥,装机容量最小可为 10kW(千瓦)左右,万砖电耗可为 50～100kW·h(kW·h 即千瓦·时,就是通常俗称的 1 度电），低于普通大窑万砖平均耗电 300kW·h 和机械化程度高的砖厂电耗为 700～1000kW·h/万砖的标准。

小立窑有因节能和避免甲烷漏排而带来的大幅度减排温室效应气体的效果；也有配撒适量石灰进行脱硫、脱氟和脱氯的技术，气相排污能达到国家环保标准；还可不排废渣、废水。

特别是有让燃料完全燃烧而不产生黑烟的技术，烟气排放黑度为 0～1 级，可达到国家的一级环保标准。

# 第3章 烧砖基础知识

## 3.1 制砖瓦的泥料

### 39. 黏土原料的矿物组成有哪些？

砖瓦工业所称的黏土原料,是地球上天然形成的,以黏土物质为基本成分或主要成分的物质。有的呈疏松状态(如泥土)、有的坚硬如石(如页岩)。黏土粉末加一定量的水后具有可塑性,可做成砖、瓦等各种形状,干燥后产生收缩但仍保持原有形状,焙烧后可变成经久耐用、坚如硬石的制品。

岩石可分为岩浆岩、沉积岩和变质岩三大类。制砖泥料属于沉积岩类。沉积岩中主要为黏土岩、砂岩和石灰岩。

砂岩抗风化性能和强度都较高,遇水也不松散。可以直接用作建筑材料,比如条石、毛石等。但砂岩粉碎后不能制成可塑性泥团,所以不能直接作制砖瓦的原料。但粉砂岩粒度很细,介于砂岩与泥土之间,并往往与黏土泥岩相混。如黄土是一种黏土质粉砂岩,就是制砖瓦的基本原料。

石灰岩有许多与黏土岩呈伴生状态,黏土质含量高的是制砖瓦或耐火材料的原料,而石灰岩含量大于25%的就只能用于水泥生产和烧石灰。当忽略其他成分时,石灰岩和黏土岩在不同伴生比例时的工业用途见表3-1,其中水硬石灰有类似砌筑水泥的作用。

黏土岩是制砖瓦的最主要原料,以高岭石、伊利石和蒙脱石为主要矿物形态,而其他矿物成分相对较少。中国沿海地区主要是高岭石——伊利石黏土,内陆主要是伊利石——蒙脱石黏土,黄土则主要由蒙脱石或伊利石黏土矿物以及细粒的石英和石灰石组成。

**表3-1 石灰岩与黏土岩不同伴生比例时的工业用途**

| 石灰质(%) | 90 | 75 | 60 | 25 | 10 |
|---|---|---|---|---|---|
| 黏土质(%) | 10 | 25 | 40 | 75 | 90 |
| 烧制产品 | 白石灰 | 弱水硬石灰 | 水硬石灰 | 硅酸盐水泥 | 砖瓦 | 耐火制品 |

### 40. 泥料中各矿物成分对制砖性能有哪些影响?

为了便于简明的比较,将常见矿物对制砖各工序及产品的影响列入表3-2。

**表3-2 常见矿物对制砖性能的影响**

| 种类 | 常见范围(%) | 成型 | | 干燥 | | | 烧成 | | 砖瓦产品 | | | | | |
|---|---|---|---|---|---|---|---|---|---|---|---|---|---|---|
| | | 需水(%) | 塑性 | 线收缩(%) | 敏感性 | 强度 | 温度 | 范围 | 气孔(%) | 吸水(%) | 抗折 | 抗压 | 抗冻 | 颜色 |
| 高岭石 | 0~15 | 30 | 略高 | 3~10 | 低 | 减小 | 提高 | 宽 | 减小 | 减小 | 增大 | 增 | 提高 | 黄 |
| 伊利石 | 10~20 | 42 | 高 | 4~11 | 较高 | 增大 | 稍低 | — | 大减 | 大减 | 强增 | 强增 | 提高 | 红 |
| 石英 | 30~55 | — | 降低 | | 降低 | 减小 | — | — | 稍小 | 增大 | 减小 | 强减 | 量大时降 | — |
| 蒙脱石 | 0~5 | 68 | 高 | 12~23 | 很高 | 很大 | 低 | 窄 | 减小 | 强减 | 增大 | 增 | 提高 | — |
| 石灰石 | 0~10 | — | 降低 | | 降低 | 减小 | — | — | 增大 | 强增 | 减小 | 减 | 降 | 黄 |
| 铁氧化物 | 0~10 | — | — | | — | — | 降 | 稍增 | — | | | | | 红 |
| 黄铁矿 | <1 | — | | | | | | | 起霜、粗粒导致爆裂 | | | | | |
| 石膏 | <1 | — | | | | | | | | | | | | — |

从表3-2对各矿物的影响有了大概的认识,下面再逐一进行讨论。

**41. 黏土矿物对焙烧工艺有什么作用？**

焙烧的主要作用就是烧出玻璃体(接近玻璃成分)，把矿物颗粒粘接起来，赋予砖瓦整体的强度。砖瓦中含玻璃体约 $4\% \sim 12\%$。

高岭土可以扩大烧成范围并提高烧成温度，虽对焙烧有利，但煤耗将增加。伊利石烧成温度 $900 \sim 950℃$，比高岭石稍低，且因其含铁而使砖色变红。在泥灰岩和石灰质黏土中蒙脱石可以降低烧成温度、提高砖的强度，但烧成范围很窄，较难掌握。若黏土矿物中含绿泥石、云母等成分时，在较低温度下就可生成较多的玻璃相，故可降低烧成温度。

**42. 石英对烧砖有哪些作用？石灰石对烧砖有哪些影响？**

(1)石英虽不属黏土矿物成分却是烧砖的主要矿物之一，而且是烧砖泥料中含量最多的成分，在砖中主要起骨架作用，并要提高烧成温度；但含量太高或粒度太大时会降低砖的强度。

石英的变晶反应常是砖瓦产生裂纹的一大原因，因为在 $573℃$ 时石英发生变晶反应，体积要增大 4.4 倍，其粒度越大产生的危害就可能越大。所以不仅要加强制备，降低泥料的粒度，加热和降温时更应注意，要迅速跨越 $573℃$，以降低其危害。

当烧成温度大于 $900℃$ 时，石英与石灰反应生成硅酸钙，可以增加砖的强度。

(2)石灰石是以其为代表的钙质矿物的统称，黏土中常见方解石。当其粒细而均匀分布在黏土中时，能与黏土矿物和石英生成硅酸钙。石灰石在高温反应时提供钙离子，以便生成玻璃相，所以可提高砖的强度。但烧成范围很窄，当代表石灰石含量折算为生石灰($CaO$)大于 $15\%$ 时，烧成范围仅 $25℃$，焙烧操作难度大。

石灰石对干燥有利，还可以减少焙烧收缩率，但孔洞率要提高，且降低抗冻性能。

石灰石粒度应小于 $1mm$，以防止石灰爆裂。当粒度很细时，黏土泥料中石灰允许含量可多达 $30\%$。石灰还能将砖体的红色漂白,使之变黄。

**43. 黏土原料中石灰石含量怎样判断?**

黏土中的石灰石、方解石、白垩土等的化学成分都主要是碳酸钙($CaCO_3$)。当其与盐酸(HCl)接触时就要生成氯化钙($CaCl_2$),而放出二氧化碳气($CO_2$)。一般可用10%的盐酸进行测试,通过观察泥料遇盐酸冒气泡的多少来判断碳酸钙的大致含量。

没有明显的气泡时碳酸钙小于1%,有明显的小气泡并能持续一会儿约含碳酸钙1%~2%,若发泡激烈而不持久的约含碳酸钙2%~5%,若发泡激烈而持久说明碳酸钙含量大于5%。

**44. 含铁矿物对烧砖有什么影响? 铁氧化物对砖瓦颜色的影响程度如何?**

(1)铁氧化物在氧化气氛下生成红色;在还原气氛下生成暗褐色,是产生黑心的原因之一。针铁矿大于10%时可使砖体结构硬化,且烧成温度范围扩大,有利生产操作和增加砖的强度。

黄铁矿等类矿物,不仅是产生黑心、发生白霜的罪魁,粒度大时还产生熔斑甚至爆裂。特别是焙烧时产生二氧化硫,造成大气污染。所以黄铁矿是烧砖的有害物。

(2)在窑内为氧化气氛(即过剩空气系数 $\alpha>1$)时,铁氧化物变为红色的三氧化二铁($Fe_2O_3$),使砖瓦由白变红(表3-3)。

表3-3　$Fe_2O_3$ 不同含量时对砖颜色的影响(1000℃烧成时)

| $Fe_2O_3$(%) | 0.8 | 1.3 | 2.7 | 4.2 | 5.5 | 8.5 | 10.0 |
|---|---|---|---|---|---|---|---|
| 砖颜色 | 白色 | 近白色 | 淡黄色 | 黄色 | 浅红色 | 红色 | 深红色 |

当窑内气氛为中性(即 $\alpha=1$)时,烧出的砖瓦呈浅黄色。

当窑内为还原气氛(即 $\alpha<1$)时,烧出的砖瓦呈青蓝色。

砖瓦的颜色虽然主要受 $Fe_2O_3$ 的影响,但氧化钙(CaO)和三氧化二铝($Al_2O_3$)对 $Fe_2O_3$ 呈现的颜色也有影响。在常规的氧化气氛下,上述三种成分不同含量时烧成砖瓦的颜色为:

$CaO > 20\%$、$Fe_2O_3 < 5\%$ 可烧成近乎白色的烧结砖。

当 $CaO : Fe_2O_3 > 2$ 时,可烧成奶油色或黄色。

$Fe_2O_3$ 为 $4\% \sim 5\%$、$CaO$ 为 $6\% \sim 7\%$,而 $Al_2O_3$ 含量较低时,一般为黄色。

$Fe_2O_3 < 1.5\%$、$Al_2O_3$ 含量较高时,低温烧成红色,高温烧成奶油色。

$Fe_2O_3$ 为 $5\% \sim 9\%$、$Al_2O_3$ 为 $10\% \sim 21\%$,而 $CaO$ 微量时,烧成温度越高,红色越深。

**45. 有机质对烧砖有影响吗?**

有机质可以燃烧发热,是否可以节省烧砖煤耗要分两种情况来看:对于挥发分很少的有机质,比如用劣质无烟煤、焦煤、贫煤等加到制砖泥料中即成为内燃烧砖,可以节煤。

但是,如果有机质中挥发分产率高的,比如锯末、秸秆粉、褐煤粉、烟煤粉等加进泥料制成内燃砖坯,在窑内预热带受热析出挥发分后,周围的温度又不足以将其点燃和维持燃烧,挥发分就随烟气排出,既浪费能源又污染环境,所以不能一概而论。

**46. 石膏、可溶盐类、氟对烧砖有何影响?**

石膏是一种含硫的盐。石膏分解温度高,很少产生二氧化硫,但它与其他一些可溶盐一起(如硫酸镁、菱苦土)焙烧生成的氧化镁,都是产生白霜的物质。$MgSO_4 \cdot 7H_2O$ 的体积将增大 3 倍,使制品开裂。

另外,含氟物质主要存在于伊利石、蒙脱石等矿物中,焙烧时产生大气污染物氟化氢(HF),危害生物,尤其是蚕桑生产。

**47. 制砖瓦的泥料化学成分要求在哪些范围?**

由于方法所限,目前还不能准确地测定矿物组成,只能进行化学分析,对砖瓦焙烧时的化学反应作出大概的估计。比如高岭石矿物的化学成分为 $Al_4[Si_4O_{10}](OH)$,化学分析只能得出 $Al_2O_3$、$SiO_2$ 和 $H_2O$ 的数据。但这里的 $SiO_2$ 就不致产生变晶反应,只有单质

$SiO_2$(石英)才有变晶反应导致的体积变化。所以化学分析的 $SiO_2$ 数据中,究竟有多少是石英,就不能肯定。显然,对泥料进行试烧还是很有必要的,黏土原料化学成分的要求范围见表 3-4。

表 3-4　黏土原料化学成分的要求范围(%)

| 成　分 | | 适　宜 | 允　许 |
|---|---|---|---|
| $Al_2O_3$ | | 10~20 | 5~25 |
| $SiO_2$ | | 55~70 | 50~80 |
| $Fe_2O_3$ | | 3~10 | 2~15 |
| CaO | | — | 0~15 |
| MgO | | — | 0~5 |
| $SO_3$ | | — | 0~3 |
| 烧失量 | | — | 3~15 |
| 石灰质粒　度 | <0.5mm | — | 0~25 |
| | 2~0.5mm | | 0~2 |

### 48. 泥料焙烧性能的简易试验方法是什么?

在就近的水泥厂、农业部门的土壤化验室都可以进行化学分析。砖瓦科研机构和大型砖瓦厂既可做化学分析,又可进行焙烧试验,求出原料的升温速度、烧成温度、烧成温度范围(从烧成到开始变形之间的温度,烧成范围一般为 50~100℃,越窄时焙烧操作越难掌握)、最佳焙烧曲线等科学数据。这对现代化砖厂设计工艺流程很重要。

小立窑砖厂虽然没有这些条件,但可以将泥料制成方块或砖坯送到现有砖厂进行试烧(当然应尽量送到泥料附近的厂)。不过小立窑本身有试烧调节焙烧周期的功能,为别的厂进行试烧试验亦较方便。

### 49. 泥料的颗粒组成对砖瓦质量有多大的影响?

黏土泥料的粒度组成对成型工艺有决定性的影响,其塑性、拌水量、干燥收缩率和烧结性等主要取决于粒度小于 0.002mm 的颗粒。细颗粒越多可塑性越高。但收缩率也越高,干燥敏感性也越高。塑性指数越高的泥料越容易成型,但砖坯上也越容易出现螺旋纹,干燥时也容易产生裂纹,干燥收缩率和烧成收缩率也越高。所以,泥料的粒度组成也像混凝土集料的级配一样,应有大一点的做骨架,次大一点的做其缝隙的填充物,最小的则是所有缝隙的填充剂。黏土原料颗粒的要求范围见表 3-5。

表 3-5　黏土原料颗粒的要求范围

| 粒度(mm) | 粘粒<0.002 | 尘粒 0.002~0.02 | 砂粒>0.02 | 最大粒度 |
|---|---|---|---|---|
| 适　宜 | 15%~30% | 45%~60% | 5%~25% | <3 |
| 允　许 | 10%~50% | 40%~80% | 2%~28% | <5 |

## 50. 黏土泥料应有的工艺性能要求有哪些指标?

前面已经介绍了制砖黏土泥料的化学组成要求范围和颗粒组成要求范围,两者综合表现出的工艺性能也有一定的要求。制砖泥料工艺性能指标范围见表 3-6。

表 3-6　制砖泥料工艺性能指标范围

| 指　标 | 适　宜 | 允　许 |
|---|---|---|
| 塑性指数 | 9~13 | 7~17 |
| 干燥敏感系数 | <1 | <2 |
| 干燥线收缩率(%) | 3 左右 | 3~8 |
| 焙烧线收缩率(%) | 2 左右 | 2~5 |
| 烧成温度(℃) | 950~1050 | 850~1150 |
| 烧成温度范围(℃) | >50 | >30 |

注:1. 所谓塑性指数是指泥料在具有可塑性时的最大含水率和最小含水率之差。

2. 干燥敏感性是砖坯在干燥过程中出现变形或裂纹的倾向性,其收缩过程中排出的水分与停止收缩时的含水量之比即为干燥敏感系数。

3. 干燥线收缩率指砖坯干燥时收缩的长度占湿坯长度的百分比值。

4. 焙烧线收缩率指焙烧后收缩长度占干坯长度的百分比。

5. 烧成温度指将砖烧熟时的温度。

6. 烧成温度范围指刚能烧熟时的温度到刚要开始软化变形时的温度之间的范围。

### 51. 泥料可塑性的简易检测方法是什么？

泥料的塑性指数要用仪器进行检测,况且小立窑烧砖的黏土原料又可能经常更换,特别是添加工业废渣时更是如此,有一个非常简单的试验方法可用。

用手将湿黏土搓成直径为 3mm 的泥条,若能提起来,这种塑性的泥料就可以用于制砖坯(参见后文表 4-15)。操作的关键是要快,防止泥条被手烘干。然后用手检测泥料的颗粒组成,泥料可以稍湿一点,用两个手指头搓动,如果觉得较细腻,说明塑性指数大了;如果觉得粗、细颗粒都有,而且粗颗粒不是太多,就基本可以用来制砖。

### 52. 制砖泥料可塑性过高或过低如何调整？

如果可塑性过低可以加入塑性指数高的膨润土、细黏土、熟石灰等塑化料,也可以进行机械加工予以磨细,还可以加入一些化学原料,但由于成本所限不推荐使用。塑化料一般还有增加强度的作用。

如果可塑性过高,可以加入粗颗粒的瘠化料,工业废渣是最佳选择。常用的瘠化料有砂、粉煤灰、废砖瓦粉、黏土质页岩、煤矸石粉、窑灰、焦煤末及碎石粉等。

瘠化料可以降低塑性指数,也可以降低干燥敏感系数。当采用玻璃粉作瘠化料时,还可以提高砖瓦产品的强度。

将塑性指数过高和过低的黏土按一定的配比混合使用,当然是最简便的办法。

### 53. 黏土原料是否需要处理？处理的一般工序有哪些？

(1)应该承认,自然界有不少可以直接用于制砖的黏土,但大多数的黏土原料都需要处理后才能使用,起码含水率通常都需要调整。

为了保护耕地,不毁田制砖,就需要将劣质原料变为可用的制砖泥料,这就更需要对原料进行处理,尤其是生产瓦和空心砖等薄壁产品和黏土资源缺乏的地方更为重要。

(2)处理时,首先应剔除杂质,将混在原料中的树根等有机物质捡出,排除石灰石、硅石、硫铁矿块及其他坚硬的石块和团粒,这些异物的排除往往需要进行筛分。

其次,大颗粒甚至大块的黏土原料,如页岩、煤矸石等需要进行粉碎,一般采用锤式或笼式粉碎机。当计量加入内燃料或工业废渣后再粉碎时,不仅可以同时粉碎还能充分混合。含水量大于10%的黏土则采用轮碾机或对辊机进行粉碎,如果在粉碎时均匀地撒入内燃料或工业废渣时也能进行混合。

风化、困存、陈化是现代砖瓦厂的常规制备方法,对砖坯和产品质量的提高有很大的影响。风化时间可为数月、隔年甚至多年,经自然界的物理和化学作用处理泥料,经冻结的还有机械破碎作用。

困存是小立窑砖厂可以采用的方法,通过困存让水分充分浸透使黏土疏解,并让土内的生物残余形成胶体物质等,对提高质量有明显的作用。几种经困存泥料性能的对比见表3-7。

表3-7　几种经困存泥料性能的对比

| 处理方式 | 黏土原料1 | | 黏土原料2 | | 黏土原料3 | |
|---|---|---|---|---|---|---|
| | 塑性指数 | 抗压强度($MPa/cm^2$) | 塑性指数 | 抗压强度($MPa/cm^2$) | 塑性指数 | 抗压强度($MPa/cm^2$) |
| 未困存 | 3.4 | 7.09 | 2.4 | 3.07 | 2.9 | 8.86 |
| 困存3天 | 3.6 | 7.29 | 2.8 | 3.09 | 2.9 | 9.28 |
| 困存10天 | 4.2 | — | 3.1 | — | 3.1 | — |

# 3.2 砖瓦坯成型

### 54. 成型对泥料含水率有何要求?

黏土砖瓦坯的成型,就是将化学成分和物理性能都符合要求的泥料,拌水使其具有可塑性后,在一定的压力下使其变成砖坯或瓦坯,其含水率的范围见表 3-8。

表 3-8 砖瓦泥料塑性成型的含水率

| 产品 | 拌水率(%) | |
|---|---|---|
| | 存在范围 | 高丰范围 |
| 实心砖 | 11～19 | 14～18 |
| 瓦、空心砖、排水管、烟囱砖 | 18～28 | 19～25 |

### 55. 砖瓦坯有哪几种成型方法?

手工成型已有一万多年的历史,特别是农村广泛应用的弧形小青瓦仍较常见。在白手起家自建小立窑时,也有先手工制砖坯的例子,塑性差的煤渣砖也可人力锤打成型,一般成型含水率为 20%～25%。

机械成型分软塑性成型、半硬塑成型和半干压成型。

软塑挤出成型是小砖瓦厂常用的方法,一般含水率为 20% 左右。半硬塑成型的含水率约为 13%。塑性成型都用螺旋挤出机成型。半干压成型是含水率再低一点,一般为 12%～14%,采用压力机冲压成型。冲压成型主要用于塑性指数不高的泥料和晾场有限的场合。但成本稍高,可酌情选用。

### 56. 挤出式制砖机是怎样成型的?

与小立窑配套的基本上都是软塑成型的小型制砖机,由挤泥机、切条机和切坯机组成。制砖机的型号以挤泥机泥缸直径的厘米(cm)数来表示,如 20 型、22 型…32 型,即表示其泥缸直径分别为 20cm、22cm…32cm。直径越大挤泥量也越大,砖坯产量也就越高。一般建三门窑日产 1 万块砖的厂选用 22 型制砖机,生产率为每小时 2000 块左右。

将合格的泥料投入挤泥机,在泥缸内挤紧并在机头上将圆形变为方形,再从机口不断挤出,宽度相当于砖坯长度,厚度相当于砖坯宽度的泥条(图 3-1)。由机械或手工切断再送到切坯机上,也由机械或手工推板将泥条推切成若干块砖坯。

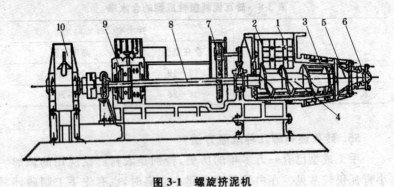

**图 3-1　螺旋挤泥机**
1. 受料斗　2. 打泥板　3. 泥缸　4. 绞刀　5. 机头
6. 机口　7. 传动齿轮　8. 主轴　9. 轴承　10. 减速箱

若要在黏土泥料中加入添加剂时还可增加双轴搅拌机;用页岩、煤矸石和工业废渣为原料时,还应安装锤式粉碎机等粉碎机具。

这里介绍的是普通挤泥制砖机。在现代砖瓦工业的挤泥机上已安装了真空装置,可以抽出泥料中的空气,对增加砖的强度有作用。

**57. 螺旋挤泥机有哪些结构特点?**

挤泥机由传动减速机构和挤泥机构两部分组成,传动机构的主轴越长,挤泥机中的螺旋绞刀越平稳。

挤泥机构由受料斗、压泥板、泥缸、螺旋绞刀、机头和机口组成。压泥板(或压泥辊)由相对转动的两件组成,用以将泥料压进泥缸，以防泥料返出。

泥缸中的螺旋绞刀转动，不断地将泥料向前推进并挤紧。

绞刀挤出的泥料在机头里进一步压缩其断面由圆形变为长方形，机头的长度为其长方形长边的 1.5～2 倍（泥料的塑性指数高时可短一点）。机头出口长方形面积被缩小为进口圆面积的 0.7～0.5 倍。缩得越小挤压越紧，但能耗也越大。

机口紧接在机头上，机口由金属或硬木制成。内侧设数圈相互贯通的水槽，水槽用铁皮逐一遮住，让泥料进不去而水可以浸出来，以润滑挤出的泥条使其表面光滑。机口出口尺寸即为挤出湿砖坯的长和宽。

**58. 泥缸与绞刀应保持多大的间隙？**

泥缸敞开部分受料后，泥料在其密封段由于绞刀的转动被挤压推送向前，绞刀的转速越快送的料越多，但因离心力的作用，太快了却要减少产量。一般为每分钟 60 转（60r/min）左右。

泥缸与绞刀的间隙越大向后返料越多，但间隙越小越难制造，一般为两毫米左右。运行中由于机械磨损间隙将逐渐增大，产量也随之减少。当间隙为 8～10mm 后就应通过电焊将其磨损部分堆焊补起来。

由于小型制砖机泥缸直径较小，压缩比也小甚至没有。因此需要塑性指数和含水率较高的泥料，否则成型困难。

**59. 生产多孔砖和空心砖要增加什么装置？**

通常在挤泥机的机口上安装一套芯具即可进行多孔砖或空洞率不大的空心砖生产。芯具主要由芯架、芯杆及芯头组成，芯头固定在芯杆上，芯杆固定在芯架上，芯架固定在垫板上，安装时垫板置于机头与机口之间（图 3-2）。

芯架应做成流线型，泥料被其切开后在芯架末端愈合，为了保证泥料愈合良好，应有足够的愈合长度，所以芯架应尽量挨近绞刀，一般距离为 30mm 左右。芯头呈逐渐扩大至设计的孔洞大小。为了防止孔洞变形,芯头的末端应有 3~5mm 的无锥度柱面。

**60. 瓦坯是怎样成型的?**

瓦坯采用软塑成型时,可以先由挤泥机挤出片状泥条,再用压瓦机压制成型(图 3-3)。由于含水率较高,干燥时需用木制瓦托板保护以防止变形。半硬塑成型则是挤成瓦形泥条再切割成瓦坯。可以不用瓦托板。半干压成型可直接压成单块的瓦坯,干燥周期短,也不用瓦托板。但产量较低,还可能有瓦坯分层现象,烧后出现哑音。

一般来说,将挤出式制砖机口改为瓦形机口,严格掌握泥料成型性能,机口安装位置得当,便可挤出瓦坯。

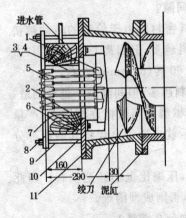

图 3-2　多孔砖芯具

1. 弧形柄　2. 螺栓　3. 芯杆

4. 垫圈、螺母　5. 芯头　6. 机口

7. 拉线板　8. 压板　9. 螺母、拉杆

10. 垫板　11. 机头

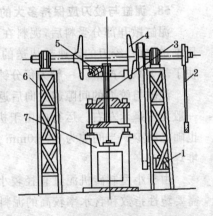

图 3-3　摩擦轮压瓦机

1. 电动机　2. 搬把

3. 螺旋主轴　4、5. 摩擦轮

6. 机架　7. 机座

**61. 制砖机挤出异常及解决措施有哪些?**

首先应严格按使用说明书进行操作、维护和保养,以保证优质、高产和生产安全。这里只简单介绍生产过程中较常见的故障及其解决措施(表 3-9)。

**表 3-9　制砖机生产故障分析与排除**

| 故障现象 | 原因分析 | 排除方法 | 备　注 |
|---|---|---|---|
| 不出泥条且泥缸与机口发热 | 电机出力不够或泥料含水不足 | 增加水分或换用功率大一点的电机 | 如因临时电压不足,可避免用电高峰开机 |
| 泥条出现大量裂纹甚至断裂 | 泥料可塑性太差或机口水路不通 | 疏通机口水路,泥料加塑化剂、粉碎或困存 | 如果加水后可搓成 3mm 泥条,只需适量加水即可,不必加塑化剂 |
| 泥条角上有缺裂 | 机口角上有干泥块堵住或水路不通 | 挖出干土或疏通水路 | — |
| 泥条跑偏 | 机口及切条机不平或机口一侧出水不畅 | 调正机位或疏通泥条内弯侧的机口水路 | — |
| 料斗满而泥条不走 | 泥料粒度太大,发生架桥现象 | 停机后戳碎泥团 | 切忌在未停机时用铁锨戳碎泥料 |
| 砖坯切口棱边粗糙 | 泥料颗粒太大或切坯推板缝太宽 | 粉碎泥料、换窄缝推板 | — |
| 切坯时两边砖坯向外弯 | 钢丝不紧或推板不平 | 收紧钢丝,校正推板 | 还可在切坯时临时用两手压住两边的砖坯 |

22 型制砖机组使用说明书见附录 5。

**62. 泥条出现螺旋纹或 S 形裂纹该怎么排除?**

泥料与泥缸接触的摩擦阻力,使泥料周边前进的速度较慢而中心部位推进的速度较快,就会在不同速度泥料之间产生分层现象,层中的间隙往往窜进泥料里挤出的空气和水,泥条挤出后即成螺旋或 S 形裂纹。泥料塑性指数越高,含水率越大,这种现象就越严重。

消除的方法有多种,可根据自己的条件采用。一种方法尚不能完全奏效时,可同时采用两种甚至多种方法。

从泥料入手,可降低含水率或加瘠化料,以增加泥料中的摩擦,消除分层现象。

从机器入手,应保持绞刀与泥缸的间隙不大于 3mm、用不连续绞刀、绞刀前端做成双螺旋、在机头上安装横向插棒。

从产品入手,可改产多孔砖或空心砖。

### 63. 切条机和切坯机是怎样工作的?

切条机紧接挤泥机的出口,泥条连续不断地从机口挤出来,在切条机布满的表面浸上油或水的钢筒辊或绒辊(在木辊表面上钉一层绒布)上继续前进,由自动切割装置将泥条切断为与切坯机台面相配合的长度(图 3-4),再送上切坯机;也可人工按下有拉紧钢丝做成的切弓来切断泥条。

泥条送上切坯机的台面后,推板自动将其横向推往切割架,当泥条被推进而穿过切割架时,由若干根按砖坯厚度排列的钢丝切为砖坯。也可人工搬动推板进行切割。

### 64. 排水管和烟囱管的泥坯是怎样制成的?

在挤泥机的泥缸

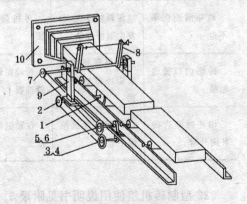

**图 3-4 转动泥条切割机**

1. 主动辊 2. 链轮 3~6. 链轮、齿轮
7. 切弓链轮 8. 切弓 9. 切弓支架 10. 机口

前端安装一个型管成型头,其内部安有类似于生产空心砖的芯具(但只有一个芯头),即可生产内外均为圆形或方形的型管,也可生产外方内圆的型管。向挤泥机里投入泥料后,就可不断地挤出泥管,用切弓割断成为一定长度的型管泥坯,再经干燥后即可入窑焙烧。

型管的设计尺寸既要考虑实际需要,又要考虑能够码入和码入窑后所占据窑内横截面积的多少,以保持码好后有一定的空隙,即一定的通风面积为度。

### 65. 半干压成型是怎么回事?

塑性指数不高或大量掺入工业废渣时,泥料结团性不高、吸水性不强,多为散料送入砖坯模具内,由机械压力从单面或双面加压成砖坯。例如,有一种压力约为70t的压砖机,电机功率为7.5kW,每次压一块,成型周期约6秒钟,每小时产砖坯为600~800块。半干压成型后不需要大面积的晾场,但砖坯分层现象难以完全避免。

图3-5是一种立式双曲柄机床,机身高2.25m、宽1.53m,配4.5kW2级电机一台(1450r/min,压力约5t),每分钟冲压约19次,每次完成压两块

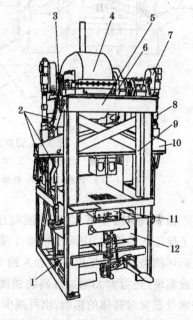

**图3-5 立式压砖机**

1. 托梁 2. 联动机构 3. 制动器 4. 传动
5. 床身 6. 离合器 7. 曲柄 8. 连杆
9. 滑杆 10. 横担 11. 砖横 12. 托架

砖和脱模两个动作。5个人操作班产 3000～5000 块。

**66. 人工加压成型应如何增加砖的强度？**

人工冲压成型可以全手工用铁锤敲击，也可用简单机具脚踏悬锤冲压成型。如有一种人力脚踏成型机，三人可班产砖坯 1200～1800 块(图 3-6)。

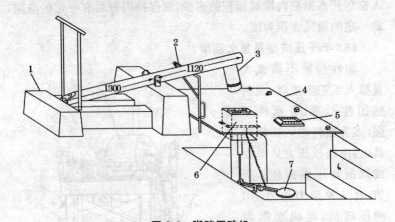

**图 3-6　脚踏压砖机**
1. 水泥台　2. 制动架　3. 木榔头　4. 放煤渣铁板
5. 内模(敲)　6. 砖模　7. 顶砖踏脚

由于人力强度不大，砖坯成型压力有限，难保砖坯的紧密度。为了保证砖的质量，应采用粘接性强的泥浆或有机废水拌和，以增强砖坯的强度。砖坯内还应加入约 5% 的废玻璃粉，不仅可以降低烧成温度，还可大大增加红砖的强度。让砖坯尽可能地干燥，可减轻水分蒸发对砖体的影响，也可减少焙烧时水分蒸发的热量消耗。

**67. 怎么制作传统的手工砖坯？**

传统的手工砖坯是典型的软塑成型工艺。一般是让泥土充分吸湿，再由人踏踩制备泥料，让泥的含水量均匀后集中成一大堆。困存在工棚内，在防晒条件下，使泥堆表层适当失水。

制砖时用取泥切弓切下一方与砖模相近的泥料,用劲甩进模具内,再将充满度不足的部位补够。然后切去超出模具的泥料,再拉回模具上的切弓,将泥坯切成两块砖坯。最后取下活动端头和切弓,然后拿到坯埂上取开模具,再将两块砖坯一一码放。

再次在空模具上套好切弓、卡上活动端头并插上栓钉,并在模板内侧撒一层粉煤灰或细沙,便可进行第二次成型。

### 68. 手工砖模具构造如何?

手工砖模具由四块结实的厚木枋组成,两块长木枋大面宽度等于两块湿砖坯的厚度再加缝的宽度。长度为湿砖坯长加上约四块木枋的厚度,并在一端锯开一个深度约为两块木枋厚的卡槽,再从正中锯出一条等于湿砖坯长度的缝。两块短木枋大面的一条边长等于湿砖坯宽度,另一边等于两块湿砖坯厚度加缝宽度。其中有一块短木枋在湿坯宽度上各加一节卡头。

组装时,一块短木枋与两块长木枋未锯缝的一端用合页连接,再将带卡头的短木枋卡入长木枋的卡槽内并插入栓钉即成(图3-7)。

### 69. 怎样制作手工小弧瓦坯?

制作小弧瓦的模具为一个薄壁带锥度的竹木条做成的桶,其高度比湿弧瓦坯长,桶的直径相当于四片弧瓦拼接而成,拼接处带有凸埂。桶的小头带有两根并拢的手柄,将手柄的两半错开即

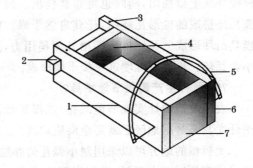

**图3-7 手工双砖坯模具**

1. 切坯缝 2. 木枋卡 3. 栓钉 4. 活动端头
5. 切弓 6. 合页 7. 固定端头

可将模桶收小,以便于从成型瓦坯桶中抽出(图3-8)。

做瓦的泥料制备过程与制砖泥料相同，但比砖泥料更细且不得有粗颗粒，而且含水率也高一些。一般含水率为22%～25%。

成型时，将瓦模桶撑圆，置于转盘上，套上一个布套并用水浸透。再用切弓在泥料堆平面上割下一张与模桶外面积相当、略大于湿瓦坯厚度的泥料片，围在模桶外套的布上，用手将泥料片拼接好。然后左手持

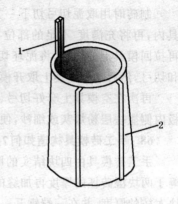

**图3-8　手工小弧瓦坯模具**
1. 手柄　2. 凸梗

一块与瓦坯外面弧度吻合的弧形抹子，右手搬动或脚蹬动转盘，即可将瓦坯压紧、压薄小头并抹光，再切去超过瓦坯长的泥料。最后手提模桶手柄，将瓦坯一齐搁置到晾棚地面上，然后从内侧收小瓦模桶并从上口抽出，同时也将布套提出。留下的便是一个由四片弧瓦坯拼成的锥形瓦坯筒，任其自然干燥。将干未干透时两手从模具凸埂形成的瓦坯桶内凹槽外侧稍用力，瓦坯筒即裂开为4片小弧瓦坯。再码上堆埂进一步干燥即成。

**70. 怎样生产陶质节能炉具？**

农村改造炉灶实现节能减排，燃煤炉灶需要灶芯、烟囱；烧柴炉灶尤其是贫困地区更需要全陶质炉具。

无机械的地方可以采用制小弧瓦的办法制作烟囱和炉壳。灶芯尽可能采用耐火泥料，类似半干压成型。成型时往往在内外模之间进行捣打，甚至锤击泥料使之成型。由于耐火泥料烧成温度高与普通泥料一齐焙烧时不容易烧熟，但只要便于搬动而不损坏就行。在炉灶使用中还可继续烧熟。陶质炉排可以做成圆孔板或圆孔方形板，用铁皮或木边框平置后将泥料摊成一片即成。其圆

孔可用锥形圆筒插进泥坯板,便可取出孔中的泥料,形成孔洞。

陶质炉具焙烧宜在外置燃烧的小立窑内烧成。

# 3.3 砖瓦坯的干燥

### 71. 什么是干燥? 干燥与哪些因素有关?

(1)由于砖瓦坯都是黏土原料用水拌和赋予塑性以后才成型的。湿砖瓦坯强度不高不便搬运,特别是直接焙烧时会产生裂纹甚至爆裂,所以必须让砖瓦坯的含水率降低,起码要降到干燥收缩停止,再继续排水时坯体不再收缩,即所谓的"临界点"以后,再干燥至适度含水率时才入窑焙烧。砖瓦坯排出水分的这个过程就叫干燥。

(2)水分要受热变为蒸汽才能排出,所以砖瓦坯的干燥与其"热含量"有关。而水分蒸发带走热量后,坯体又需要加热才能保持继续蒸发,而且加热的温度越高,蒸发的速度越快。

砖瓦坯排出的水分被周围空气或烟气吸收才能带走。但如果空气或烟气含湿量达到最大限度,即所谓"饱和"后,坯体排出的水分就凝结为水留在表面上,只有湿砖瓦坯周围一直有能吸湿的空气或烟气(即所谓干燥介质)才能继续进行干燥。所以干燥与坯体周围的空气或烟气的含湿量有关。当干燥介质吸水量达到饱和后就不能再吸湿,这就要及时地让有吸湿能力的介质进入。所以又与干燥介质的流动有关。

自然干燥时,对砖瓦坯的加热靠太阳的照射,人工干燥时靠热烟气或热空气;而空气或烟气吸湿后靠其流动来带走水分。所以简单地说来,砖瓦坯的干燥与空气的温度和流速密切相关。温度越高,流速越快,干燥的速度也就越快。一般说来,在气温为15~25℃、湿度为60%~70%、风速为1~3级时干燥条件最好。

### 72. 空气的吸湿能力有多大?

在一定压力下,一定温度时空气吸收水蒸气的最大重量,叫空气饱和绝对湿度。不同温度时空气的最大吸湿量见表 3-10。空气含水量达到饱和的程度以后就不能用来作干燥介质了。

**表 3-10    不同温度时空气的最大吸湿量**

| 温度<br>(℃) | 饱和绝对湿度<br>(kg/m³) | 温度<br>(℃) | 饱和绝对湿度<br>(kg/m³) |
|---|---|---|---|
| 0 | 0.00484 | 60 | 0.13009 |
| 10 | 0.00939 | 70 | 0.19795 |
| 20 | 0.01729 | 80 | 0.29299 |
| 30 | 0.03036 | 9 | 0.42807 |
| 40 | 0.05113 | 1000 | 0.58817 |
| 50 | 0.08294 | — | — |

### 73. 空气的相对湿度是什么意思？怎样求得空气的相对湿度？

（1）所谓相对湿度就是空气中所含水蒸气的重量占饱和绝对湿度的百分比。干空气的相对湿度为 0％时，其吸湿能力为表 3-10 中所列的数值。而吸湿量达到饱和绝对湿度时其相对湿度为 100％，不再具有吸湿能力。

知道空气在某温度时的相对湿度后，就可以计算出还可吸收水蒸气的重量：

可吸湿量＝某温度的饱和绝对湿度×[100％－相对湿度(％)]

例如：30℃空气的相对湿度为 50％时，其吸收能力尚有 15.18g/m³。

（2）空气的相对湿度一般用干湿球温度计来测量（图 3-9）。干球温度为空气的真实温度，湿球温度则决定于空气温度及其相对湿度，空气的相对湿度越大，干湿球的温度差就越小，其吸湿能力也就越小。凭干球温度的差即可从表 3-11 中查得空气的相对湿度。例如：干球温度为 26℃，湿球温度为 22℃时，空气的相对湿度为 70%。

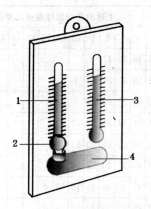

**图 3-9  干湿温度计**

1. 湿球温度计  2. 纱布  3. 干球温度计  4. 水

### 表 3-11  空气的相对湿度(%)表

| 干球指示 | 干球温度与湿球温度之差值 | | | | | | | | | | | | | | | | | | | | | |
|---|---|---|---|---|---|---|---|---|---|---|---|---|---|---|---|---|---|---|---|---|---|---|
| 温度 | 1 | 2 | 3 | 4 | 5 | 6 | 7 | 8 | 9 | 10 | 11 | 12 | 13 | 14 | 15 | 16 | 17 | 18 | 19 | 20 | 21 | 22 |
| 0 | 81 | 64 | 46 | 29 | 13 | | | | | | | | | | | | | | | | | |
| 1 | 82 | 66 | 48 | 33 | 46 | | | | | | | | | | | | | | | | | |
| 2 | 83 | 68 | 50 | 37 | 21 | 7 | | | | | | | | | | | | | | | | |
| 3 | 84 | 69 | 54 | 40 | 25 | 12 | | | | | | | | | | | | | | | | |
| 4 | 85 | 70 | 55 | 43 | 27 | 14 | | | | | | | | | | | | | | | | |
| 5 | 86 | 72 | 58 | 45 | 31 | 18 | 6 | | | | | | | | | | | | | | | |
| 6 | 87 | 73 | 60 | 47 | 35 | 23 | 12 | | | | | | | | | | | | | | | |
| 7 | 87 | 74 | 62 | 49 | 38 | 26 | 14 | | | | | | | | | | | | | | | |
| 8 | 87 | 75 | 63 | 51 | 40 | 28 | 17 | 6 | | | | | | | | | | | | | | |
| 9 | 88 | 76 | 65 | 53 | 42 | 30 | 22 | 12 | 3 | | | | | | | | | | | | | |
| 10 | 88 | 77 | 66 | 55 | 43 | 33 | 23 | 14 | 4 | | | | | | | | | | | | | |

续表 3-11

| 干球指示温度 | 干球温度与湿球温度之差值 | | | | | | | | | | | | | | | | | | | | | |
|---|---|---|---|---|---|---|---|---|---|---|---|---|---|---|---|---|---|---|---|---|---|---|
| | 1 | 2 | 3 | 4 | 5 | 6 | 7 | 8 | 9 | 10 | 11 | 12 | 13 | 14 | 15 | 16 | 17 | 18 | 19 | 20 | 21 | 22 |
| 11 | 88 | 77 | 67 | 56 | 46 | 36 | 26 | 17 | 8 | | | | | | | | | | | | | |
| 12 | 89 | 78 | 68 | 58 | 48 | 38 | 30 | 21 | 12 | 4 | | | | | | | | | | | | |
| 13 | 89 | 79 | 68 | 58 | 49 | 39 | 32 | 23 | 15 | 7 | | | | | | | | | | | | |
| 14 | 89 | 80 | 70 | 60 | 51 | 14 | 34 | 25 | 18 | 10 | | | | | | | | | | | | |
| 15 | 90 | 80 | 71 | 62 | 53 | 44 | 36 | 28 | 20 | 13 | 4 | | | | | | | | | | | |
| 16 | 90 | 80 | 71 | 63 | 54 | 45 | 37 | 30 | 23 | 16 | 7 | | | | | | | | | | | |
| 17 | 90 | 81 | 72 | 63 | 55 | 47 | 39 | 32 | 25 | 18 | 10 | 4 | | | | | | | | | | |
| 18 | 90 | 82 | 73 | 65 | 57 | 49 | 42 | 35 | 27 | 20 | 13 | 6 | | | | | | | | | | |
| 19 | 91 | 82 | 73 | 65 | 57 | 49 | 42 | 37 | 28 | 22 | 15 | 8 | 2 | | | | | | | | | |
| 20 | 91 | 82 | 74 | 66 | 58 | 51 | 44 | 38 | 30 | 24 | 17 | 11 | 5 | | | | | | | | | |
| 21 | 91 | 83 | 75 | 67 | 60 | 53 | 46 | 39 | 32 | 26 | 19 | 13 | 8 | | | | | | | | | |
| 22 | 92 | 84 | 75 | 68 | 61 | 54 | 47 | 40 | 33 | 28 | 21 | 16 | 11 | 5 | | | | | | | | |
| 23 | 92 | 84 | 76 | 68 | 62 | 54 | 48 | 41 | 35 | 29 | 23 | 18 | 12 | 6 | 1 | | | | | | | |
| 24 | 92 | 85 | 77 | 70 | 63 | 56 | 49 | 43 | 37 | 31 | 26 | 21 | 14 | 9 | 4 | | | | | | | |
| 25 | 92 | 85 | 77 | 70 | 63 | 57 | 50 | 44 | 38 | 32 | 27 | 21 | 16 | 11 | 6 | 3 | | | | | | |
| 26 | 92 | 85 | 78 | 70 | 64 | 58 | 52 | 45 | 39 | 34 | 29 | 24 | 18 | 13 | 9 | 5 | | | | | | |
| 27 | 93 | 86 | 79 | 72 | 65 | 59 | 53 | 47 | 41 | 36 | 31 | 26 | 20 | 14 | 10 | 7 | 1 | | | | | |
| 28 | 93 | 86 | 79 | 72 | 65 | 59 | 53 | 48 | 41 | 37 | 32 | 27 | 21 | 16 | 12 | 9 | 3 | | | | | |
| 29 | 93 | 86 | 79 | 72 | 66 | 60 | 54 | 49 | 42 | 38 | 34 | 28 | 23 | 18 | 14 | 11 | 6 | 2 | | | | |
| 30 | 93 | 86 | 79 | 73 | 67 | 61 | 55 | 50 | 44 | 39 | 35 | 30 | 25 | 20 | 16 | 13 | 8 | 4 | | | | |
| 31 | 93 | 86 | 79 | 73 | 67 | 62 | 55 | 50 | 45 | 40 | 35 | 31 | 26 | 22 | 18 | 15 | 10 | 6 | 2 | | | |
| 32 | 93 | 86 | 80 | 73 | 68 | 62 | 56 | 51 | 46 | 41 | 36 | 32 | 28 | 24 | 19 | 17 | 12 | 8 | 4 | 1 | | |
| 33 | 93 | 86 | 80 | 74 | 68 | 63 | 57 | 52 | 47 | 42 | 37 | 33 | 29 | 25 | 21 | 19 | 14 | 10 | 6 | 3 | | |
| 34 | 93 | 87 | 80 | 74 | 68 | 63 | 58 | 53 | 48 | 43 | 38 | 34 | 30 | 26 | 22 | 20 | 15 | 11 | 7 | 4 | | |

续表 3-11

| 干球指示温度 | 干球温度与湿球温度之差值 | | | | | | | | | | | | | | | | | | | | | |
|---|---|---|---|---|---|---|---|---|---|---|---|---|---|---|---|---|---|---|---|---|---|---|
| | 1 | 2 | 3 | 4 | 5 | 6 | 7 | 8 | 9 | 10 | 11 | 12 | 13 | 14 | 15 | 16 | 17 | 18 | 19 | 20 | 21 | 22 |
| 35 | 93 | 87 | 81 | 74 | 69 | 64 | 58 | 54 | 49 | 44 | 39 | 35 | 31 | 28 | 23 | 21 | 16 | 13 | 8 | 6 | 1 | |
| 36 | 93 | 87 | 81 | 75 | 70 | 64 | 58 | 54 | 55 | 45 | 41 | 36 | 31 | 28 | 24 | 22 | 17 | 14 | 9 | 8 | 3 | 1 |
| 37 | 93 | 87 | 81 | 75 | 70 | 65 | 59 | 54 | 50 | 45 | 41 | 37 | 33 | 29 | 25 | 23 | 18 | 15 | 11 | 9 | 6 | 3 |
| 38 | 93 | 87 | 82 | 76 | 70 | 66 | 60 | 55 | 51 | 46 | 42 | 39 | 34 | 30 | 26 | 24 | 20 | 16 | 12 | 10 | 7 | 4 |
| 39 | 94 | 88 | 82 | 76 | 71 | 66 | 61 | 56 | 52 | 47 | 43 | 39 | 34 | 32 | 28 | 25 | 21 | 17 | 14 | 10 | 8 | 6 |
| 40 | 94 | 88 | 82 | 76 | 71 | 67 | 61 | 57 | 52 | 48 | 44 | 40 | 36 | 33 | 29 | 26 | 22 | 19 | 15 | 16 | 9 | 7 |
| 41 | 94 | 88 | 83 | 77 | 72 | 67 | 62 | 57 | 52 | 49 | 44 | 41 | 37 | 34 | 30 | 28 | 23 | 20 | 16 | 14 | 11 | 9 |
| 42 | 94 | 88 | 83 | 77 | 72 | 68 | 63 | 58 | 53 | 49 | 45 | 42 | 38 | 35 | 31 | 29 | 24 | 21 | 18 | 16 | 12 | 10 |
| 43 | 94 | 88 | 83 | 77 | 72 | 68 | 63 | 58 | 54 | 49 | 46 | 39 | 36 | 32 | 23 | 25 | 22 | 19 | 17 | 13 | 11 | |
| 44 | 94 | 88 | 83 | 77 | 73 | 68 | 63 | 59 | 55 | 50 | 46 | 43 | 39 | 36 | 32 | 26 | 23 | 20 | 18 | 14 | 12 | |
| 45 | 95 | 88 | 83 | 78 | 73 | 68 | 64 | 59 | 54 | 51 | 47 | 43 | 39 | 36 | 33 | 29 | 26 | 24 | 21 | 19 | 15 | 13 |
| 46 | 95 | 89 | 84 | 78 | 74 | 69 | 64 | 60 | 66 | 52 | 47 | 44 | 40 | 37 | 34 | 32 | 25 | 22 | 19 | 16 | 14 | |
| 47 | 95 | 89 | 84 | 78 | 74 | 69 | 65 | 60 | 56 | 52 | 48 | 41 | 38 | 34 | 33 | 28 | 26 | 23 | 20 | 17 | 15 | |
| 48 | 95 | 89 | 84 | 79 | 74 | 70 | 65 | 61 | 57 | 53 | 49 | 46 | 42 | 39 | 35 | 34 | 29 | 27 | 24 | 21 | 18 | |
| 49 | 95 | 89 | 84 | 79 | 74 | 70 | 66 | 61 | 57 | 53 | 49 | 46 | 42 | 40 | 36 | 34 | 30 | 28 | 25 | 22 | 19 | 17 |
| 50 | 95 | 89 | 85 | 79 | 75 | 70 | 66 | 62 | 58 | 54 | 50 | 46 | 43 | 40 | 37 | 35 | 31 | 29 | 26 | 23 | 20 | 18 |

## 74. 什么是砖坯的成型含水率、临界含水率、平衡含水率和入窑含水率？

成型含水率就是砖坯成型时的含水率，主要决定于泥料拌水量。

湿砖坯干燥时随着水分的不断减少，泥料颗粒也不断挨近，砖坯的体积也要不断地收缩，到了一定的程度虽然水分尚未蒸发完，但砖坯不再收缩，此时的含水率即为临界含水率。此后加速干燥也不致产生裂纹。所以临界含水率越高,对干燥越有利。砖坯的临界含水率首先取决于其矿物组成和粒度组成,尤其是粒度级配得当时临界含水率也就越高;其次,在空气或烟气的相对湿度越高、流速越快、温度越高时其临界含水率也越高。

平衡含水率即砖坯的含水率与空气或烟气含水率相等时的含水率,两者达到平衡,此时砖坯的干燥就停止了。如果已经干燥好的砖坯不及时入窑焙烧,再遇上连日下雨时,砖坯吸收空气中的水分其含水率就会增加,即所谓"回潮"。

入窑含水率就是码进焙烧窑时砖坯的含水率。

### 75. 如何测算砖坯的含水率?

将湿砖坯称重后放入 105~110℃ 条件下烘干。无烘干条件时,可将砖坯放入没有红火的炉膛内烘干,当其不再失重时,视为干砖坯重。

湿砖坯重量减去干砖坯重量即湿砖坯的含水量。该含水率占湿砖坯重量的百分比即为该湿砖坯的相对含水率。

测算成型和入窑砖坯的含水率比较方便。而临界含水率要多称几次,以其第一次砖坯边长不再缩短(即所谓线收缩)时的重量为准;平衡含水率则以其重量不再变化时的重量为准。

### 76. 为什么干燥介质必须高于其露点温度?

空气或烟气作为干燥介质时,其热量要加热砖坯,同时又吸收砖坯排出的水蒸气,当然温度就要下降,降温后其饱和绝对湿度也要相应降低(表 3-10),而使其相对湿度增大,当增大到 100% 时,就不称其为干燥介质了。若温度再稍微降低一点,过饱和的水蒸气就会从空气或烟气中凝结为水附着在砖坯的表面上,对砖坯的质量造成危害。

### 77. 砖坯收缩性对成型尺寸有何影响?

砖坯干燥时要收缩,焙烧时也要收缩。成型时就要把这两项收缩值都加上去,让其干燥和焙烧后的尺寸等于设计尺寸。对于烧结普通砖而言,最好为240mm×115mm×53mm或不超过国家标准GB5101—2003所规定的尺寸差范围。制砖泥料一般线收缩率见表3-12。

表3-12 制砖泥料一般线收缩率(%)

| 原 料 | 干燥收缩度 | 焙烧线收缩率 | 总收缩率 |
|---|---|---|---|
| 黏 土 | 3～12 | 2～8 | 5～20 |
| 页 岩 | 2～4 | 2～3 | 4～7 |
| 煤矸石 | 1～2 | 2～5 | 3～3 |

**78. 干燥敏感性与干燥速度有何关系?**

表征敏感性的干燥敏感系数是成型含水率与临界含水率之比。干燥敏感系数越高产生干燥裂纹的倾向性就越大,干燥速度就越慢,否则就容易出现干燥裂纹。到临界含水率以后,坯体不再收缩,方可加速干燥。

**79. 自然干燥有哪些优缺点?**

自然干燥是利用自然界里太阳的热能和流动的空气来干燥砖坯,其优点是方法简单、不耗能源、不用设备、容易实施,仅需人工不需投资,是小立窑最常用的干燥方法。

自然干燥的主要缺点是干燥周期十多天,甚至长达一个月。其次是受天气变化的影响大,冰冻的冬季不能用,风雨霜雪易造成砖坯的损失。晾坯场占地约每门窑需占2～3亩地。但小立窑不需要专用晾场,既可充分利用田边地角和路旁晾坯,又可自己吃丘造地用作晾场,即使占用土地也极易复耕。草盖(即盖坯的草帘)的消耗,农民可以就近利用农作物废物,变废为宝。劳力消耗更是农工兼顾,就地消纳多余劳动力,提高农民收入的好方法。

**80. 砌筑晾坯埂要注意哪些问题?**

晾坯场既要接近成型车间又要挨近小立窑,达到方便运坯、节省劳力的效果,同时又要尽量利用边角空地用于晾砖坯。

单排坯埂一般宽 30cm 左右,双排埂则为两排埂中留一空行以便通风,其宽度为 60～80cm,还应考虑遮雨的草盖揭下后有临时放置地方和运坯车的车路。坯埂应尽量与常年主风向一致,使空气畅通,砖坯受风均匀,还应保证排水通畅。

坯埂的砌筑方法一般是先筑土埂,将土堆高、夯紧并刮平即可。产砖后可利用废砖平铺 1～2 层,进一步可在平铺两层砖之间有间隔地横铺一层砖,即形成有通风洞的坯埂,这样可以减少地面湿气的影响,铺埂砖一旦被浸湿后也容易干燥。

**81. 采用干燥棚有何好处?**

干燥棚可以避免多雨地区对干燥的影响,砖坯上不盖草帘可以保持砖坯棱角的完整。为了加速干燥,可以摆火炉、砌火炕来加热,还可以设风机加强通风。

小立窑砖厂可以用树条、竹竿等绑扎成一米多宽能避免雨淋在砖坯上的坯埂式干燥棚,棚上的草盖可以固定。做成活动式时,还可以临时揭开草盖,让砖坯晒太阳以加速干燥。

**82. 晾晒砖坯有哪些码法? 晾晒砖坯过程中有哪些操作要点?**

(1)一次码坯法是将砖坯一次码好,任其干燥。坯距一般 1～2cm,坯距越宽干燥也越快,占坯埂也越多。码坯高度以最底层不变形为准,一般 5～7 层,坯块可顺码、横码、斜码等,要根据风向、风速等试码后确定。为了防止砖坯条面的粘连,应在条面上撒砂或粉煤灰。

二次码法是先稍密码,例如坯距为 1～1.5cm,数天后以手伸进坯埂中间不粘泥时进行花架,花架时坯距放大。例如坯距可为 2～4cm、高度可为 8～12 层,以底层不变形,顶层便于伸手码放为度。码坯时应尽量防止损坏。

砖坯太湿时可先码约 3 层,过几天再码 3 层,又过几天翻坯,将上下层、里外头互换。

晾坯码法不必拘一,可根据坯埂的多少、泥料干燥敏感性、劳动力多少等条件综合考虑,灵活调整,以能上下、里外均匀干燥,且尽可能缩短周期为准。

(2)晾晒砖坯要根据泥料干燥敏感性、成型含水率及当地气候条件来灵活掌握,总的原则是先盖后揭。初期防大风和防太阳晒,先放背风并以夜风和早晚风为主。对风大和相对湿度小的地方还应将坯架侧面特别是坯垛头也盖好,防止局部干燥过快而产生风裂。逐步揭开草盖,阴天可放全日风,要等砖坯含水率低至临界含水率即不再收缩后,才能直晒太阳。

瓦坯较薄,泥料一般也比砖坯的干燥敏感系数高,所以要更仔细看护。应先阴两天后再揭边盖,不揭顶盖,脱离托板码架后才逐步揭顶盖。

有经验的砖厂总结出"三勤"、"先小后大放风法"晾坯操作法。

"三勤"为:勤揭、勤盖、勤检查;"先小后大放风法"为:先放夜风、早晚风、背风、背阳风、小风,后放日风、正风、正阳风、大风,最后晒太阳。

### 83. 干燥缺陷及其防止方法有哪些?

为了简明扼要,将常见干燥缺陷及其防止方法列于表3-13。

表3-13　常见干燥缺陷及其防止方法

| 现　　象 | 原　　因 | 防 止 方 法 |
|---|---|---|
| 变形甚至断头 | 成型含水率太高、干燥过快 | 提高泥料可塑性降低含水率,初期应缓慢干燥 |
| 压拉裂纹 | 坯垛不平、码坯过高、干燥不匀 | 找平坯垛,减少码坯层数,正确放风 |
| 风　裂 | 放风过早、风速太大或过早晒坯 | 初期盖严,必要时将草盖洒水,严防过早放大风 |
| 发状裂纹 | 空气湿度大于砖坯湿度发生"回潮" | 先放背风、夜风,干坯及时入窑 |
| 网状裂纹 | 雨淋或表面凝结水 | 防雨、先放背风、夜风 |
| 颗粒开裂 | 泥料中大颗粒危害 | 降低大颗粒粒度,尽量避免大颗粒 |

**84. 什么叫人工干燥？有哪些干燥室？人工干燥的需热量、风量及大致时间如何预计？**

(1)人工干燥就是为避免气候变化的影响，采用人为方法以热的干燥介质(如烟气)流动来干燥砖坯。

(2)人工干燥在干燥室内进行，主要有室式干燥室和隧道干燥室。室式干燥室是将湿坯码放在室内，通入热烟气至干燥结束后从室内取走干坯，为一个干燥周期。一般由多室组成，各室交替进行各干燥工序，以保持连续生产出干坯。缺点是能耗高、热效低。

隧道干燥室是将湿坯码在干燥车上，进入干燥室后先预热再经逐步加大的送风段，最后从冷却段末端出车，机械化程度高、热效高。

(3)由于泥料干燥敏感系数越高，含水率也高，故可以用干燥敏感系数来判断干燥周期(表3-14)。

表 3-14　人工干燥砖坯的干燥时间

| 干燥敏感系数 | <1 | 1~1.5 | 1.5~2 | >2 |
|---|---|---|---|---|
| 干燥周期(h) | 12~20 | 20~26 | 26~32 | 32~48 |

干燥需热量可按蒸发每千克(公斤)水耗热 4607kJ/kg(即 1100 千卡/千克)至 5444kJ/kg(即 1300 千卡/千克)进行估算，再由热风提供这些热量所需风量来计算总风量，经验数量列于表3-15。

表 3-15　蒸发 1kg 水所需的热量和风量

| 耗热量 (MJ/kg) | 送　风 | | 排　风 | |
|---|---|---|---|---|
| | 温度(℃) | 风量(m³) | 温度(℃) | 风量(m³) |
| 4607~5444 | ~130 | 44 | 35~40 | 34 |
| | 100 | 55 | 30~35 | 45 |

**85. 隧道干燥室是怎么工作的？隧道干燥室对砖坯有哪些工作参数要求？**

(1)小立窑排烟温度很低,可低到接近露点温度排烟,无余热可利用。当缺乏晾场或另有废热可利用时,应考虑进行人工干燥。

隧道干燥室就像火车隧道一样,地面铺有轨道,湿砖坯在干燥车上从一端进入,经预热段、送风段和冷却段后,干砖坯从隧道干燥室另一端出来;100～150℃时的干燥介质则从接近冷却段处进入,与进车方向相反地逆向流到预热带,气流不断降温和吸收砖坯排出的水分到排风口以 35～48℃、相对湿度为 90%～95% 时排出(图 3-10)。这个过程与砖坯干燥阶段的要求相适应,不至造成风裂。

但是,如果刚进干燥室的湿砖坯温度低于排风温度时,使排风出现露点,造成砖坯表面凝结水,形成网状裂纹的隐患,所以人工干燥时应将砖坯加热,一般采用对泥料进行蒸汽加热。

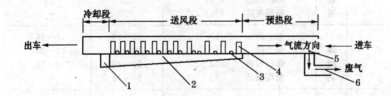

**图 3-10　逆流隧道式干燥室结构示意图**
1. 热风总道　2. 热风支道　3. 底进风口
4. 侧进风口　5. 排风口　6. 排风道

(2)为了简明扼要,将中国建筑西北设计院提出的数据列于表 3-16 中。

## 表3-16　隧道干燥室对砖坯的工作参数要求

| 序号 | 名　　称 | | 工艺参数要求 | |
|---|---|---|---|---|
| | | | 普通砖 | 多孔砖 |
| 1 | 产品规格 | (mm) | 240×115×53 | 240×115×90 |
| 2 | 半成品率 | (%) | 90 | 90 |
| 3 | 坯体温度 | (℃) | 45～50 | 45～50 |
| 4 | 成型水分 | 黏土砖 (%) | 18～22 | 18～23 |
| | | 页岩砖 (%) | 16～20 | 16～21 |
| | | 煤矸石砖 (%) | 16～20 | 16～21 |
| | | 粉煤灰砖 (%) | 15～18 | — |
| 5 | 湿坯重量 | 黏土砖 (kg) | 3.1 | 4.3 |
| | | 页岩砖 (kg) | 3.3 | 4.6 |
| | | 煤矸石砖 (kg) | 3.3 | 4.6 |
| | | 粉煤灰砖 (kg) | 3.0 | — |
| 6 | 干燥后含水率 | 黏土砖 (%) | <8 | <8 |
| | | 页岩砖 (%) | <6 | <6 |
| | | 煤矸石砖 (%) | <6 | <6 |
| | | 粉煤灰砖 (%) | <6 | — |
| 7 | 干燥收缩 | 黏土砖 (%) | <8 | <8 |
| | | 页岩砖 (%) | <5 | <5 |
| | | 煤矸石砖 (%) | <5 | <5 |
| | | 粉煤灰砖 (%) | <5 | — |
| 8 | 干燥周期 | 黏土砖 (h) | 12～20 | 12～28 |
| | | 页岩砖 (h) | 12～24 | 12～20 |
| | | 煤矸石砖 (h) | 10～20 | 10～16 |
| | | 粉煤灰砖 (h) | 10～18 | — |
| 9 | 送风温度 | 黏土砖 (℃) | 110～130 | 110～130 |
| | | 页岩砖 (℃) | 110～120 | 110～130 |
| | | 煤矸石砖 (℃) | 130～150 | 120～140 |
| | | 粉煤灰砖 (℃) | 130～150 | — |
| 10 | 排风温度 | (℃) | 35～45 | 35～45 |
| | 排风相对湿度 | (%) | 90～95 | 90～95 |
| 11 | 干燥热耗 | 每蒸发1千克水 (kcal) | 1100～1300 | 1100～1300 |
| | | 每块砖耗热 (kcal) | 600 | 600 |

## 86. 日产 1 万块干砖坯的隧道干燥室技术性能如何？

从中国建筑西北设计院设计的数据看来,当砖坯的干燥周期为 24h,日产入窑砖坯 1 万块左右的技术性能见表 3-17。

表 3-17    50.4m 隧道干燥室技术性能

| 序号 | 名 称 | | 技术性能 |
|---|---|---|---|
| 1 | 型 号<br>干燥品种 | | XWG101、XWG102、XWG103<br>标准砖和承重空心砖 |
| 2 | 原料要求 | 原料品种<br>塑性指数<br>干燥收缩 　　（％）<br>敏感性系数 | 黏土;但采用页岩、粉煤灰、煤矸石也可参照使用<br>7～15(标准砖);10～27(多孔砖)<br>不大于 8<br>不大于 2 |
| 3 | 工艺参数 | 工作制度 　　（班）<br>坯体加温 　　（℃）<br>干燥前含水率 （％）<br>干燥后含水率 （％）<br>内燃程度 （kcal/块）<br>干燥热源<br>半成品率 　　（％）<br>成品率 　　（％）<br>年工作天数 　（天） | 3<br>45～50(人工码坯时)<br>小于 23<br>小于 8<br>900(小立窑只需:黏土 400、页岩 500)＊<br>利用窑的余热(小立窑可另寻热源)＊<br>90<br>95<br>300 |
| 4 | 干燥室性能 | 干燥室规格 　　（m）<br>干燥车规格 　　（m）<br>每条干燥室容车数（辆）<br>每车码坯数 　　（块）<br>小时产量 　　（块）<br>送风方式<br>排风方式<br>干燥室内轻轨规格<br>　　　　（kg/m）<br>干燥室内轻轨轨距（mm） | 50.4×1.16×0.89(长×宽×高)<br>1.12×1.10×0.25(长×宽×高)<br>44<br>240(分 5 层码)<br>880～330(约 0.8～2 万块/天)＊<br>分散式,下送风为主,侧送风为辅。<br>集中上排风<br>8<br><br>600 |

**续表 3-17**

| 序号 | 名 称 | | | 技术性能 |
|------|------|------|------|----------|
| 5 | 干燥参数 | 干燥周期 | (h) | 12～32 |
| | | 送风温度 | (℃) | 130～150 |
| | | 排风温度 | (℃) | 35～48 |
| | | 排风相对湿度 | (℃) | 90～95 |
| 6 | 图纸来源 | | | 陕西省第一建筑设计院 |

注:后面标"★"的,指括号内的说明文字为作者另加。

XWG 型号的 101 号图纸的风道在下面、102 风道在上面、103 的风道在侧墙上,可供不同条件时选择。

# 3.4 燃料、空气及其燃烧

### 87. 哪些燃料可以烧砖瓦?

燃料包括各种固体燃料、液体燃料和气体燃料。由于液体和气体燃料较稀缺而价昂,很少用来烧砖瓦,固体燃料也因成本所限而多用地方燃料。

各种固体燃料都可以作外燃燃料,即使是一些发热量很低的劣质燃料,也可以让其先产生煤气再用于烧砖瓦。固体燃料,特别是劣质燃料及含碳工业废渣还可以加入泥料,作内燃料,但有两个条件:燃料中不得含有危害产品质量和污染环境的成分,应该是挥发分不高的燃料。比如说生物质燃料可以作外燃料,但因其含大量的钾(K)容易使砖泛霜而不宜内燃料,更因其在 160～200℃大量释放出挥发分,挥发分其实就是一种气体燃料,但由于温度太低而无法燃烧,在焙烧窑内的预热段长达数小时内,可能使其挥发分都随烟气从烟囱白白地跑掉,既浪费能源,还因挥发分的主要成分是甲烷($CH_4$),它的温室效应潜能是二氧化碳($CO_2$)的 21 倍,还要污染环境。所以生物质燃料和烟煤等高挥发分燃料都不宜作内燃料。

**88. 煤由哪几个成分组成？煤的工业分析数据代表什么？**

(1)煤由纯煤、矿物质(灰分)和水分组成。纯煤是可燃物,矿物质和水分是不可燃物。除去水分和矿物质后就是纯煤,纯煤燃料的有效成分是有机物。气体和液体燃料基本上全是有机物,燃料的有机物由碳(C)、氢(H)、氧(O)、氮(N)和硫(S)等元素组成。其中碳、氢、硫可以燃烧发热,氧可以助燃,而氮和硫则要产生污染环境的有害气体。当然各种元素含量的多少,因不同燃料而异。通过元素分析即可得到但比较繁杂,从实用角度而言则多用工业分析,就比较简便而直观。

(2)评判煤质的好坏最常用的是工业分析(又叫实用分析或技术分析),它是判断煤炭利用价值的基础分析。通常见到的是将煤只含内水($M_f$)时的"空气干燥基(ad)"进行化验分析[以前曾称"分析基(f)"]。工业分析报告的固定碳数据一般是总重量减去水分、灰分和挥发分后剩下的就算是固定碳。有时还以分析的数值利用经验公式,计算出煤的低位发热量。燃料组分示意图如图3-11所示。

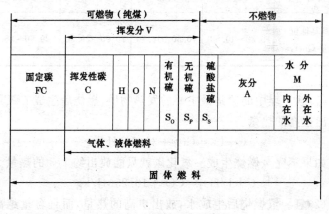

**图3-11 燃料组分示意图**

①水分:煤的外在水分很不稳定,随开采、运输、储存的条件不同而异。当其含量大于 10%时,水分每增加 5%锅炉的热效率将下降 0.3%。但从燃烧动力学来讲,在炉膛中少量的水能将末煤粘结成团并可加速燃烧,一般控制在 10%左右。

②灰分:煤的灰分增加 10%时,锅炉的热效率只能达到设计能力的 80%,灰分增加到 40%时热效率仅为 60%。

③挥发分:挥发分是煤质分类的最重要指标,挥发分小于 10%的叫无烟煤。挥发分是煤中释放出的以甲烷($CH_4$)为主的可燃气体,实际上是气体燃料。挥发分越多越容易着火,但挥发分越高,燃烧时产生黑烟就可能越严重。

**89. 煤的发热量有多大?**

煤的热值是衡量煤燃烧价值的一个重要指标,也是煤燃烧热利用必不可少的一个基础数据。据此可以进行耗煤量、空气需要量、烟气生成量和热平衡与热效率计算。实际使用的煤,其发热量称为"收到基低位发热量"。煤发热量的大致范围见表 3-18。

表 3-18　煤发热量的大致范围　　　　（单位:MJ/kg）

| 煤种 | 泥炭 | 褐煤 | 烟煤 | 无烟煤 |
|---|---|---|---|---|
| 收到基低位发热量 Qnet,ar | 8.38~10.50 | 10.50~16.70 | 20.90~29.30 | 20.90~25.10 |

(1)碳。煤中的碳是最主要的发热物质,燃烧后生成二氧化碳并放出很高的热量。

$$C+O_2=CO_2+34.04MJ/kg$$

如果不完全燃烧生成一氧化碳就只能放出约 1/3 的热量。

$$C+1/2O_2=CO+10.25MJ/kg$$

(2)氢。氢燃烧后生成水,放出更高的热量,而且含量越高越容易着火。

$$H_2 + 1/2O_2 = H_2O(水蒸气) + 121MJ/kg$$

(3)硫。硫燃烧可以发热,但生成的 $SO_2$ 是严重的大气污染物。

$$S + O_2 = SO_2 + 9.25MJ/kg$$

(4)水分和灰分。都要减少煤的发热量,水分每增加 1% 发热量就要减少约 0.36MJ/kg;灰分每增加 1% 发热量就要减少约 0.2～0.36MJ/kg。

**90. 标准煤是怎样规定的?几种煤炭各有哪些特征?**

(1)国际上统一将发热量为 29.27MJ/kg 即 7000cal/kg(7000千卡/公斤)规定为标准煤。进行煤耗比较时必须要换算成标准煤才有可比性。

中国商品煤平均发热量为 20.91MJ/kg 即 5000cal/kg,只作为中国国内产销统计时使用。

(2)学术上按挥发分分类:挥发分小于 10% 叫无烟煤,挥发分大于 10% 的叫烟煤,其中挥发分大于 37%、无灰恒湿基高位发热量小于 24MJ/kg 的叫褐煤。

平时主要从外观、划痕试验和燃烧特征来进行识别。

①无烟煤:有较强的灰黑色金属光泽并且比较均匀,硬度高、密度大,手摸不污手指,手掂比烟煤重;可以在白色无釉瓷片上划出不很浓的淡黑色划痕;着火点高、燃烧无火焰或火焰很短,无黑烟、火力强、燃烧时间长、不粘接。

②烟煤:随煤化程度的深浅不同,由无光泽到有光泽,还有的层层交叉颜色也从褐色到黑色,手摸时黑色染在手上不易洗掉;划痕试验为黑色或深褐色;着火点较低、火焰呈黄色,初期火焰呈红色带黑尾、冒黑烟、大多数可粘接。

③褐煤:光泽暗淡或呈沥青光泽,较脆,在空气中易碎裂成小块,甚至成粉末,不宜长期保存,颜色呈褐色或接近黑色,粉碎后比烟煤颜色略淡。手摸污手不浓,重度比烟煤轻,含有腐殖酸;易着

火,火苗有浓烟,划痕为褐色、不粘接。

**91. 应当优先采用的劣质燃料有哪些?**

"就地利用低热值矿物燃料"是《中国节能技术政策大纲》的既定政策:在技术经济合理的前提下,就地利用热值在 12.56MJ/kg 以下的矿物燃料。如热值大于 10.50MJ/kg 的可用作工业锅炉的燃料,热值小于 4.20MJ/kg 的煤矸石等劣质燃料还可以作烧结普通砖(红砖)的内燃料。

(1)泥炭。泥炭也叫草炭,一种结构很疏松、颜色多呈棕褐色、色淡、含水率很大,初采时有的像稀泥,干后可以成饼。易着火、火焰明亮。可以作燃料,也可作制有机肥或纤维板的原料,高压成型后的泥炭块还可供气化。

(2)石煤。石煤是高变质的无烟煤,灰分很高。可燃物的挥发分小于 10%,灰分可高达 85%左右。发热量一般为 4.18～8.36 MJ/kg,甚至低至 2.51MJ/kg。灰分以 $SiO_2$ 为主,可达 60%～80%,可作民用或沸腾炉,搁管炉燃料,也可作制水泥的原料,还可回收钒等贵重金属。

(3)天然焦。天然焦是在自然界地下煤层中生成的一种焦炭。它的主要特征是有热爆性,在燃烧或气化过程中,容易破裂成碎片甚至成为粉末,而且质量不均一。可以说它是一种质量较差的焦炭,对于要求不严的场合代替焦炭,或者代替无烟煤使用,其粉末可做"微孔"轻质砖。

(4)风化煤。风化煤是各种煤在长年累月暴露在空气中经风化作用后生成的变质煤。风化后机械强度降低,甚至成粉末状,水分和挥发分增高,发热量降低,腐殖酸含量增加。风化煤主要作农肥和植物生长刺激剂。也常将其制成腐殖酸钠作无烟煤粉成型的粘结剂。

(5)油页岩。油页岩也叫油母页岩,是一种灰分含量高达 60%～85%,而又容易燃烧的固体可燃物。含油率一般为 5%～

10%,少数可提炼石油,大部分可直接作燃料。

(6)煤矸石。煤矸石是与煤层相邻的岩石占煤炭产量的 10% 左右(即约每年产 3 亿吨),含有一定的可燃成分,但发热量较低,其中约有 10%～20% 热值为 7.5～9.2MJ/kg。煤矸石一般呈黑色,可作燃料,也可作烧结普通砖(红砖)的内燃料。页岩的矿相组成和热值合适时可直接生产矸石砖。

(7)洗中煤和煤泥。洗中煤和煤泥是洗煤提出精煤后留下的副产品,其中粒度为 1～3mm 的称为煤泥。热值在 3.5～20MJ/kg 之间,可作制型煤的原料。

(8)煤渣。煤燃烧后的灰渣中往往含有 15%～30% 的碳,剔除大块炉渣后仍可作劣质燃料使用。灰分融熔温度合适的还可以粉碎压成多孔砖,燃烧后作轻质非承重砖使用。

**92. 生物质燃料有哪些? 生物质燃料的发热量有多少?**

(1)生物质能是太阳能以化学能形式储存在生物质中的能量形式。生物质燃料包括农作物秸秆、杂草、木材剩余、树枝、树皮、树叶、薪柴、稻壳、果壳、果核、木屑、锯末、木炭、垃圾衍生燃料、污水污泥燃料等,共有农业、林业、生活污水和工业有机废水、城市固体废物及畜禽粪便五大类。中国每年作为农村能源在炉灶里燃烧的农作物秸秆多达 5 亿多吨,薪柴和木材加工剩余物也数以亿吨计。专家估计我国可以用作燃料的生物质总量可达每年 30 亿吨,约合标准煤 15 亿吨。专家还预言,到 2050 年左右,生物质燃料将占全球总能耗的 40%。

(2)生物质燃料挥发分高达 76%～86%,很容易着火但因单位时间炉内烟负荷大,黑烟治理难度大,其干燥无灰基的发热量在 18～21MJ/kg 之间,随灰分和水分的增加而减少。几种生物质工业分析值见表 3-19。

生物质燃料在空气中自然干燥后的含水量与长期所处环境中的空气湿度相近,没有化验条件又需要了解柴草的大致发热量,可

以将其烘干后求出含水量(M)、燃烧后求出灰分量(A),再按下式计算:

生物质发热量＝K−0.21M−0.25A

农作物秸秆 K＝18.5、野生生物质 K＝20、畜粪 K＝21

**表 3-19　几种生物质工业分析值　(%)**

| 燃料类型 | 水分 | 挥发分 | 固定碳 | 灰分 | 低位发热量(MJ/kg) |
|---|---|---|---|---|---|
| 杂　草 | 5.43 | 68.77 | 16.40 | 9.46 | 16.19 |
| 豆　秸 | 5.10 | 74.65 | 17.12 | 3.13 | 16.15 |
| 稻　草 | 4.97 | 65.11 | 16.06 | 13.86 | 13.97 |
| 麦　秸 | 4.39 | 67.36 | 19.35 | 8.90 | 15.36 |
| 玉米秸 | 4.87 | 71.45 | 17.75 | 5.93 | 15.54 |
| 玉米芯 | 15.00 | 76.60 | 7.00 | 1.40 | 14.40 |
| 棉　秸 | 6.78 | 68.54 | 20.71 | 3.97 | 15.99 |
| 高粱秸 | 4.71 | 68.90 | 17.48 | 8.91 | 15.07 |
| 谷　草 | 5.33 | 66.93 | 18.79 | 8.95 | 15.01 |
| 马　粪 | 6.34 | 58.99 | 12.82 | 21.85 | 14.01 |
| 羊　粪 | 6.29 | 54.76 | 12.72 | 26.23 | 14.00 |
| 猪　粪 | 5.76 | 65.78 | 20.03 | 18.43 | 15.98 |
| 牛　粪 | 6.46 | 48.72 | 12.52 | 32.40 | 11.62 |
| 杂树叶 | 11.28 | 61.73 | 16.33 | 10.12 | 14.84 |
| 杨树叶 | 2.34 | 67.59 | 16.42 | 13.65 | 15.55 |

### 93. 污水和污泥怎样用于烧砖?

污水和污泥主要指城市生活污水及食品、制革等工业的有机废水在污水处理厂处理后产生的污泥,这种污泥不同于含有机质很少的自来水厂和河流清淤产生的污泥。污水污泥一般含有机质高达 30%～70%,由生物质分解和腐败而来,也是一种典型的生物质燃料。每年中国污水处理厂产生干污泥上千万吨，热值在 4～20MJ/kg 之间，属于"城市矿"的一大资源。污水和污泥用于烧砖既可用其热值，又处理了有害废物。出厂时含水 80%，呈稀泥状态，将其干燥后即可用作烧砖的燃料。燃烧灰加入泥料即可制砖。

污水污泥与煤或生物质混合后就容易干燥得多。如果将其作粘结剂与煤粉或生物质粉混合后，压制成型煤或煤球样的生物质成型燃料，都可以在外置燃烧室内燃烧，火焰流入砖窑焙烧砖瓦。

将污水污泥加进制砖泥料当作内燃料使用是不对的，首先，污水污泥 160～200℃时即大量释放出挥发分，在砖窑的预热带达不到燃烧的温度而不能燃烧，直接排入大气，这就造成其主要成分甲烷($CH_4$)的大量外泄，既浪费了能源，更污染了环境；其次，有机成分容易造成砖瓦的黑心和泛霜。所以应禁止污水污泥掺入制砖泥料作为内燃料，只能作为外燃料使用。

**94. 垃圾为什么可以用于制烧结砖？垃圾制砖焚烧有哪些特点？**

(1)垃圾泛指废弃物，有工业垃圾和生活垃圾之分。现在城市都纷纷建立垃圾处理厂，以工厂形式处理垃圾。在此主要讨论农村和小城镇生活垃圾。

垃圾主要分为无机物、可燃物和可腐物及其他杂物。无机物主要是泥土、煤灰渣、废砖瓦及陶瓷块，其主要成分是黏土物质，将其粉碎后起码可以作为瘠化料掺入泥料用于制砖；可燃物如木材(废家具)、纺织品(破衣物)、塑料等可以作外燃料用于烧砖；可腐物则可投入沼气池让其产生沼气用于烧砖；杂物主要是金属、塑料等可回收和废玻璃经电磁铁处理可避免金属危害。废玻璃也属无机物类，可以粉碎后掺入泥料，而值得单独一提的是烧砖就是为了烧出玻璃物质，由其粘接周围的颗粒形成坚硬如石的红砖，红砖内一般含玻璃成分 4%～10%。所以泥料中加入玻璃粉后可以降低烧成温度和增加红砖的强度。

(2)垃圾制砖焚烧特点。

①可处理混合垃圾:原生混合垃圾成分简单,可由人工简易粗分即可直接进行处理,不必分类收集。

②不受垃圾数量变化的限制:一般每产1万砖可处理垃圾10吨左右。垃圾数量减少甚至完全没有,红砖也可继续生产。

③烟尘排放达标:排烟黑度1—0级,烟尘及铅、镉等颗粒物,在烟气从数十层错排的砖缝中穿行时,经数十次碰撞、转向和变速,被截留在窑内。

④二恶英及病毒的消除措施:焚烧烟气进入砖窑后,在砖的烧成温度1000℃左右条件下完全燃烧,不排放黑烟,一氧化碳和其他碳氢化合物及细菌、病毒等有机物都彻底焚毁。优于815.6℃停留2s的二恶英销毁条件;可燃物入炉前先检出PVC等聚氯乙烯塑料等物质,从源头上控制氯源,并将烟气迅速从400℃降到200℃以下排烟,可以防止二恶英的再合成,所以消毒最彻底。

⑤脱硫、脱硝、脱氯、脱氟:二氧化硫($SO_2$)、氯化氢(HCl)、氟化氢(HF)与制砖泥料和窑灰中(或添加)的钙氧化物反应,被固定在窑内不再随烟气排出。炉内温度小于1300℃可避免温度型$NO_x$的产生,当将垃圾在过剩空气系数α小于1的条件下焚烧后的烟气送入窑时即成为两段燃烧,还可以抑制燃料型$NO_x$的生成。

⑥可焚烧医疗垃圾:砖窑可以在1000℃左右条件下,有效地消毒、焚烧处理医院垃圾。

⑦设备投资很少:砖窑不仅可以是垃圾砖的焙烧装置,又是垃圾辅助燃烧装置,也是焚烧热利用装置,还是细菌和病毒的消毒装置,更是焚烧烟气的净化装置,一窑身兼五职(不建焚烧炉时还是垃圾焚烧装置)。大大节省了设备投资。投资额仅为焚烧发电装置的1%左右。现有粉碎设备和沼气池的红砖厂,不需再添置设备(或用红砖建一座简易焚烧炉)即可处理垃圾。垃圾烧砖工艺流程图如图3-12所示。

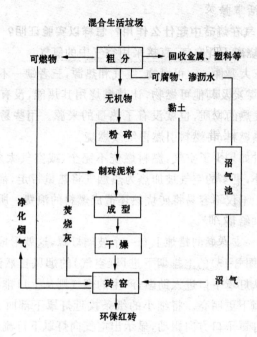

图 3-12  垃圾烧砖工艺流程图

⑧不赔运行费、利润丰厚:处理工作简单,渗沥水处理、烟气净化都不花钱,处理运行费很少,卖红砖抵消运行费还可有盈余,收取的垃圾处理费和减免的税费全是纯利润。

⑨节能省土且垃圾砖质量好:无机垃圾都用作制砖原料(砖瓦砾粉碎后亦可使用),可节省制砖泥料;可燃物和可腐物产生的沼气用于烧砖可节煤;常规烧砖主要是将砖坯烧出玻璃相物质,以粘接黏土颗粒物而产生强度,所以垃圾的碎玻璃可增加垃圾砖的强度。这就是垃圾砖强度高的关键所在。垃圾砖实样检测抗压强度一般可大于 15Mpa。

⑩机械化程度可高可低:资金少的可少用机械,增加一些工人

即可,能灵活掌握。

**95. 空气在烧砖中起什么作用? 怎样以实验证明?**

(1)燃烧离不开空气,直接采用空气中的氧气。

燃烧三大要件——可燃物、空气和热源,三者缺一不可。人们找来柴草、煤炭及其他可燃物,让其燃烧用其热能,没有燃料就没有了燃烧发热的物质,也就没有了热量的来源。用些易燃物产生热源来加热燃料,将燃料引燃再继续燃烧。

烧砖时如果少了空气,燃料燃烧不完全,或空气太多,除参与燃烧部分外,更多的空气被加热为热烟气将热量带走,都会使窑内温度下降。不仅不容易将砖烧熟还造成燃料的浪费。所以应当重视空气的供给量。

(2)在一支点燃的蜡烛上套一个玻璃灯罩,这就形成了一个类似小立窑(图 3-13)的上排烟下进风(空气)的烟风自然流动系统。此时空气从灯罩下口进入助燃,产生的烟气则从上口排出,烛光比在自然环境下更明亮。将细小的纸条挨近灯罩下部时,可以看到小纸条向灯罩下口方向飘动,显示出空气向灯罩下口流动。

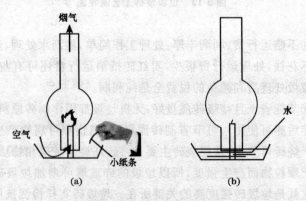

**图 3-13 空气助燃实验**

(a)小纸条向灯罩下飘动  (b)水封住灯罩下口后熄灭

如果向灯罩下面的容器加水,使灯罩下口与水面之间的进风缝隙越来越小时,烛光也逐渐变暗。当水淹住灯罩下口时,蜡烛很快就熄灭了,因为空气进不去了。如果灯罩下口不动而将上口封住,烟气排不出去,空气也就进去不了,同样也会因缺氧而导致蜡烛熄灭。

通过这个试验,充分证明空气的助燃作用。

**96. 燃烧有哪三个要件?**

燃烧是剧烈的氧化反应,必须同时具有以下三大要件,缺一不可。

(1)可燃烧的物质。无论天然气、人工煤气、石油制品还是煤和柴草,都毫无例外地含有碳、氢等可燃元素。可燃物质是燃烧的基础条件,无可燃物也就无燃烧可言。

(2)助燃的氧气。一般情况下都采用空气供给氧气,因为空气中含 21% 体积的氧气(按质量计,氧气占空气重量的 23%)。没有氧气就不可能发生氧化反应,也就无燃烧可言。用纯净氧气助燃称为纯氧燃烧,超过空气中正常含氧量(向空气加氧)的叫富氧燃烧,空气中含氧量低于 16% 称为贫氧燃烧。将可燃物与空气隔绝,便成为人们灭火的一大法宝,这也反证了无氧不能燃烧的结论。

(3)热源。所谓热源就是能提供具有较高温度水平的足够热量,能把可燃烧物加热到着火点,将可燃物点燃的点火源。有人曾测得一种煤的燃起热约为其发热量的 25%～33%。当然,烟煤点火时不必把整个煤块都加热到着火点,而只需要像燃油、燃气一样,把煤释放出的气态挥发分点燃即可。因为挥发分的燃烧热也可继续加热煤块,最终将煤块点燃。所以,有人称挥发分是燃烧的启动者。用降温的办法来灭火,也是常见的技术手段。煤炭一般在 600～800℃ 之间开始持续燃烧,1100℃ 以前每提高 100℃ 燃烧速度可提高一倍。

### 97. 煤的燃烧有哪几个阶段?

(1)干燥。煤在炉膛内不断地吸热,首先蒸发水分,超过100℃以后可将外水和内水都蒸发出去。

(2)析出挥发分并着火。约200℃左右煤就开始,350℃以上就大量析出以碳氢化合物为主的挥发分,并在短时间内就可析出挥发分总量的80%~90%,余下焦炭和矿物质。挥发分实质上就是一种气体燃料,一点就着,从而首先被点燃。

(3)挥发分和焦炭燃烧。挥发分容易与空气接触,很容易从焦炭表面夺取助燃的氧气。所以,一般情况下都是在挥发分大部分燃烧后焦炭才开始燃烧。而且焦炭还继续缓缓地析出少量的挥发分一起燃烧,并可能一起燃尽。

焦炭燃烧时间长,是煤燃烧放热的主要阶段。焦炭块的燃烧,要靠不断及时地将包裹在炭块周围的烟气吹开,让空气与焦炭表面田接触才可能继续燃烧,即增加风速和鼓风量,能够强化燃烧,提高炉膛热强度。

(4)焦炭燃尽生成灰渣。随着焦炭燃烧的进行,矿物质也发生了一系列复杂的化学反应,最终变为灰分。及时地排除焦炭周围的灰壳和炭块之间缝隙中的积灰,并防止灰分熔融包裹炭粒和堵塞缝隙,以保证焦炭的正常燃烧和残炭的燃尽,是司炉的一个重要内容。

采用任何方式燃煤都要经历上述4个阶段。但是由于局部受热不均,这4个阶段不可能有明显的分界,往往都是多阶段交叉、重叠进行的。较大块的煤受热失水和挥发分析出可能同时存在。甚至有些水分还来不及蒸发完,煤块的外表已经开始燃烧的情况也可能发生。

### 98. 什么叫完全燃烧? 完全燃烧有哪四个基本要求?

(1)燃料中的可燃元素在氧化气氛下,可以实现完全燃烧并放出热量,反应式如下:

$$C+O_2 \rightarrow CO_2 + 34.04MJ/kg$$
$$H_2+1/2O_2 \rightarrow H_2O + 121MJ/kg$$
$$S+O_2 \rightarrow SO_2 + 9.25MJ/kg$$

$CO_2$ 是温室效应气体,但植物生长过程中要吸收 $CO_2$ 可实现碳平衡,故视为 $CO_2$ 零排放。所以改煤烧柴是 $CO_2$ 的一大减排措施。$SO_2$ 是一种毒气,炉灶中可加钙固硫;柴草含硫很低也可体现改煤烧柴的优越性。NOx 也是一种毒气,通过两段燃烧可以减排。HCl 亦可淋洗脱氯和加钙固氯。

(2)许多人只注意到燃烧的三大要件,却忽视了完全燃烧的四个基本要素,虽然维持了燃烧,但是难以燃烧完全,因而造成煤炭的浪费和黑烟等污染。

①足够高的温度:燃烧室内必须维持一定的高温水平。一般 600℃以上开始点燃,800℃才能持续燃烧,每增加 100℃ 使燃烧速度增加一倍,但到 1000～1100℃ 以后增速不明显。

②充足的氧气:要保证持续供应煤炭燃烧所需的助燃氧气(空气给氧)。

③可燃物质与氧气的充分接触:及时地排出燃烧产生的烟气,并加强搅拌保证助燃空气与可燃物质的充分接触。

④足够的燃烧空间和时间:防止可燃气体来不及燃烧就离开炉膛,一般应保证其燃烧时间大于 0.5s。

第③、④项往往被忽视而产生不完全燃烧工况,降低燃烧效率和产生大气环境污染物。

## 99. 不完全燃烧有何缺点?

燃料不完全时,首先是排出 $CH_4$、烟炱等有害有机物,既浪费能源又污染环境。$CH_4$ 的温室效应潜能为 $CO_2$ 的 21 倍。烟炱是强致癌物,并造成黑烟污染。碳不完全燃烧生成 CO 也只能放出约 1/3 的热量,而 CO 也是温室效应气体。

$$C+1/2O_2 \rightarrow CO + 10.25MJ/kg$$

**100. 砖瓦窑烟风系统是怎样形成的?**

所谓烟风即排烟和进风:进风就是让空气进入窑内,使燃料完全燃烧;排烟就是及时排出燃烧产生的烟气。由于烟囱内外的温差而形成抽力,将空气吸进去,两者相辅相成形成一个系统。烟气在干燥和预热带将热量传给砖坯后从烟囱排出;空气则从出窑部位进入,吸收已烧成的红砖显热后,供给燃料燃烧所需要的氧气。

小立窑像隧道窑一样,从红砖出窑端进风,再从砖坯进窑端排烟。只不过小立窑好像竖起来的隧道窑,就成了从窑体下口进风而从窑上口排烟。空气从窑下口进入即开始吸收红砖的余热,这一段就称为冷却带。被加热到与红砖一样的温度时就进入保温带,热空气进入烧成带就产生助燃作用,燃烧产生的烟气向砖坯传热就在预热带。烟气最后进入干燥带,将入窑砖坯进一步干燥后从窑上口排出。这就形成了小立窑从进风到排烟的烟风系统。

# 3.5 砖瓦焙烧

**101. 什么叫焙烧?**

黏土原料经过制备、成型再进行干燥后仍然组织疏松强度不高、极易破损,无实用价值。这就要进行关键的一道工序——焙烧。在砖瓦焙烧窑内,利用燃料燃烧产生的热量将砖坯进一步烘干、预热、烧出一些硅酸盐共熔化合物并使其熔融,形成可流动的液相玻璃,流入其他矿物颗粒间的空隙,将它们粘结在一起,冷却后就形成坚硬如石的红砖,这个过程就叫焙烧。

**102. 焙烧窑内有几个带? 应该注意什么?**

(1)干燥带(常温~120℃)。干燥时达到平衡含水率时就不能再继续干燥了,需要在窑内用烟气将其彻底烘干。这个阶段应控制干燥速度,防止网裂,避免烟气出现露点温度,以防止砖坯吸湿回潮或结露。

（2）预热带（120～600℃）。300～600℃左右黄铁矿分解，粗粒的可能产生爆裂。还应注意石英在 573℃时产生体积变化，造成发状裂纹。应避免泥料中的大颗粒和避免升温速度太快。

（3）烧成带（600℃～烧成温度）。砖坯内的有机质燃烧与矿物质的物理化学反应都很激烈，硅酸盐共熔化合物的生成和熔融就产生在这个阶段。900℃左右石灰石开始分解放出二氧化碳气体。粗粒石灰石还可能产生爆裂，此带应防止熔融玻璃相的过早出现，让有机质燃烬以免产生黑心。还应防止坯体内产生的气体不能及时排出而产生气泡。

（4）保温带（烧成温度）。达到烧成温度后保持一段时间，使各种反应尽量充分，玻璃相充分熔融流动，使整体粘结。一般保温时间控制在 1.5～2h。

（5）冷却带（烧成温度～60℃）。本带的前段可迅速降温，速度可为 110℃/h 左右，600℃ 以后应控制为 40～70℃/h。以防止573℃和400℃左右石英体积变化而产生裂纹。

**103. 什么叫烧成温度和烧成温度范围？**

能够将制砖泥料烧出足够的液相玻璃质时的温度叫烧成温度。再继续升高至砖体开始变形时的温度叫最高允许烧成温度。此间的温度范围就叫烧成温度范围。绝大多数砖瓦原料和烧成温度为 900～1150℃。烧成温度范围为 50～100℃，烧成温度范围越宽越好操作，太窄了就难以掌握。

烧成温度主要取决于制砖泥料的矿物组成。石英含量高或黏土矿物以高岭石为主而铁、钠、钾等助熔料含量少时，烧成温度较高，反之则较低。

达到烧成温度而不再升高温度并保持较长的时间，也可达到同等的产品质量。这叫低温慢烧，反之叫高温快烧。

**104. 焙烧砖瓦有哪些窑型？**

（1）间歇式窑。在我国农村还大量存在着沿袭了数千年的小土窑,如马蹄窑、围窑、蹲子窑、扇子窑等,都是从装窑到出窑为一个周期,每一个周期互不连贯。每次都得把窑体烧热,烧成后又得把它冷却下来。窑体蓄热和散热损失都很大,尤其是烧砖的高温烟气直接排放,造成巨大的排烟损失。万砖煤耗高达 4~8t,即使多方改进后也在 2t 以上,因此被称为"煤老虎"。

我国中西部特别是边远山区还大量存在土窑烧砖。随着经济的逐步发展,特别是加强环境保护和禁止毁田烧砖的管理逐步加强,这些土窑都必然要全部取缔。

国外还有一些机械化程度较高的梭式窑等小型间歇式窑,但只在焙烧小量高级黏土制品或者需要控制焙烧气氛及进行蒸汽处理等特殊情况下才采用。

(2)连续式窑。连续式窑点火后就可以不断地加坯和连续地出砖,其焙烧烟气的余热和红砖的显热都能得到利用,还可基本避免窑体蓄热损失。既符合大规模生产的需要,又大大降低了热耗,是现代最主要的窑型。世界通用的主要是轮窑和隧道窑。近代发明的推板窑、辊道窑、步进式窑等实际上都是隧道窑的变种,但主要用于陶瓷行业的精细陶瓷产品生产。

①轮窑:轮窑采用"火走砖不动"的生产工艺,由燃烧的焰(或烟)气的不断流动而使不动的砖坯历经 5 个带的焙烧工况后烧成产品。由于靠人工装窑、出窑,工人劳动强度大、工作环境恶劣;又全靠人工看火加煤来控制焙烧工况,受人为因素影响大。现有的轮窑砖厂进行半机械化改造和电脑控制,但更多的是以隧道窑取而代之。国家已规定在砖瓦行业淘汰 22 门以下的轮窑。

②隧道窑:隧道窑采用"砖走火不动"的焙烧工艺。由逐渐移动的砖坯,在窑车上历经 5 个焙烧带。装出窑均在窑外进行,且可以实现机械化和自动化。20 世纪 80 年代已有年产上亿块砖的自动化工厂,但投资较高。

③节能小立窑:节能砖瓦小立窑也是典型的连续式窑,也是隧

道窑的变种,不消耗动力,避免了隧道窑需消耗动力使烟风违背自然流动的规律强行其水平流动,更避免了隧道窑窑车反复进出窑所导致的反复加热和散热的热损失。而且小立窑完全不用看火,工况更稳定。且投资少、规模大小可调、最适合农村烧自用砖和砖瓦商品生产初级阶段,用以取代土窑和建筑工地临时利用挖方废土就地烧砖及小型的处理固体废物用于烧砖的场合。当然从总体上说进行砖瓦大规模生产也就必然要淘汰小立窑。但对边远山区和小规模固废处理及建筑工地临时利用挖方废土就地烧砖,特别是灾后重建是永远需要节能砖瓦小立窑的。

# 第4章 小立窑的设计与施工

## 4.1 小立窑砖瓦厂的筹建

**105. 怎样选好土源？**

小立窑每门可年产约 100 万块红砖，需土约 2000m³，如果是挖山、吃丘造田，土源丰富无可置疑；如果是吃土堆，应测量一下有多少体积，可将土堆稍加整理使其成一个梯形堆，量出顶面和底面的长和宽，将上下长和宽分别相加的 1/2，再乘以垂直高度即可得出土堆的近似体积数；如果是"借高土还低田"，关键是定出田土可降低的高度。例如，若可从耕作层以下取走的高度为 50cm，则每亩可取土 330m³，即每门窑一年需从 7 亩田中借土。但绝对不准毁田制砖；如果是建筑工地挖方废土，其挖方量在设计图中已有计量。

如果近处有砂岩或工业废渣可掺入制砖泥料，则加入多少就可抵黏土多少。黏土塑性指数越高加入量越大。

**106. 建窑要占多少土地？又需要多大的晾场？**

(1)建一门窑占地 20m²，每增加一门再加 11m²。

(2)晾场的大小取决于成型含水率、气温、空气相对湿度，以及周边可利用的田边、地角与路旁可晾坯的场地有多大，一般每门窑需要晾场 1~3 亩。

**107. 如何利用地形规划建厂？**

成型设备要紧挨土源，晾场既要距成型设备近又要距窑近。条件允许时窑最好建得低一点以便于晾场运砖坯上窑。窑下旁边应有码放红砖的场地和运走红砖的车道。

如果晾场与窑在同一地坪上,应修人工挑砖坯上窑的梯步或修斜坡的运坯架车道,有条件的还可以配置从地面向窑上运砖坯的提升装置。图 4-1 是一个年产 200 万红砖的 2 门小立窑砖厂的布局照。

**图 4-1　2 门小立窑砖厂**

1. 红砖　2. 两门小立窑　3. 储坯房

4. 办公室　5. 矿山　6. 机房　7. 晾坯场

**108. 小立窑需要多少人?该如何配置?**

一门窑需 15~20 人,门数越多平均每门窑用人越少。如:一门窑每班需 2 名烧窑工,三门窑就只需窑上 2 人加坯,窑下 2 人出窑即可;成型车间用小型制砖机组时需 1 人上料、1 人切送泥条、1 人切坯;挖泥制备、运坯等随运距等条件而异。另需机修工 1~2 人。

**109. 需要多少钱才能办厂?**

建三门窑日产 1 万砖,购小型制砖机组共需投资约 5 万元。如手工制坯,只建 1 门窑仅需数千元即可。

# 4.2 砖瓦小立窑设计原理

### 110. 小立窑结构原理是什么？

隧道窑主要有三大优点：轮窑烧砖采用"砖不动火动"的焙烧工艺。需要将窑墙、窑顶和窑底加热到烧成温度，然后又逐渐降温到出砖。下一轮又要换一个位置周而复始地重复上述升降温过程。而隧道窑则是"砖动火不动"，定位、定温、定时焙烧，工况相对稳定，既容易保证烧砖质量，又大大降低了焙烧热耗；另外，工人在窑外操作，降低了劳动强度；特别容易实现机械化、自动化和大规模生产。所以隧道窑是砖瓦工业最先进的窑型。

但是，隧道窑也存在一些缺点：首先，其窑内气体必须水平流动，违背了热气上升、冷气下降的自然规律，要消耗一些热能转化为动能才能实现；其次，窑车面实际上相当于窑底，也像轮窑的窑底一样需要周期性的升降温，其消耗的热能约占焙烧热耗的 15%～18%；三是窑内容易产生上下部的温差，预热带可高达 300～350℃，即使是耗能进行机械强制送风搅拌后，烧成带和冷却带的上下温差也有 20～40℃；四是砖坯与窑墙、窑顶的间隙及两窑车之间的车距，造成窑内空间使用率不高，其码窑密度仅 200 块/m³ 左右；五是当需要小规模、小投资、创造就业岗位、避免远距离运输，进行就地生产、就近使用等方面而言，隧道窑就无法适应了。

为了既发挥隧道窑焙烧工况稳定、低耗高效、工人在窑外操作等优点；又能克服上述缺点，特别是能进行小型简易优质低耗的砖瓦生产，就产生了小立窑。

小立窑是一个竖直的方形空筒（图 4-2），砖坯从窑上口码进，逐层往下经过固定的干燥带、预热带、烧成带、保温带和冷却带，定位、定温和定时的，砖动火不动的焙烧后，从窑下卸砖出窑；空气则从窑下口被吸进，在冷却带吸收红砖的显热后，在烧成带参与供氧燃烧变为烟气,又在预热带和干燥带向砖坯放热后从窑上口排出。形成了自然的负压进风、正压排潮工况。完全符合气体流动的自然规律,也不需要加热窑底的热耗。码窑密度可高达 500 块/m³ 左右,也没有上下部的温差现象。工人不仅是在窑外操作而且劳动强度不大,"半劳力"也可胜任。焙烧时也不需要随时看火添煤,施行定型码坯、定量加煤、定时出砖的均烧焙烧工艺,实现了最低热耗的优质生产,特别是适合小量生产的农村村落、建筑工地和厂矿的废渣利用及灾后重建。

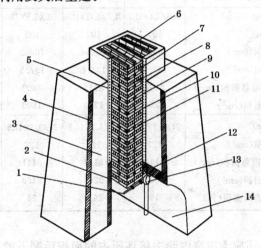

**图 4-2　小立窑结构原理**

1.炉条梁　2.炉条　3.保温层　4.外墙　5.窑壁

6.窑上口加砖坯　7.干燥带　8.预热带　9.烧成带　10.保温带

11.冷却带　12.红砖　13.手拉葫芦　14.窑门

## 111. 窑室横断面正方形边长的计算原理是什么?

首先,应以工人在窑上口码砖坯时方便操作,一般按 4 块砖坯挨紧排列,两头砖坯顶面距窑壁大于 1cm(考虑到两砖坯顶面挨紧度有限再预留约 0.3cm),以保持不顶窑壁。第二行距第一行约

1cm(约相当于指头的厚度),以便于码坯操作。这样条面向下形成窑室横断面正方形边长约为 1m,由于每排第 1 行和第 16 行的砖坯大面都贴紧窑壁,所以大面间的空隙就只有 15 条。

其次,砖坯的尺寸应以除去烧成收缩率后刚好等于标准砖的尺寸,即长 24cm×厚 5.3cm×宽 11.5cm。砖坯不同烧成收缩率的窑室边长及通风面积表见表 4-1。

**表 4-1　砖坯不同烧成收缩率时的窑室边长及通风面积表**

| 烧成收缩率(%) | 2 | 3 | 4 | 5 |
|---|---|---|---|---|
| 砖坯尺寸(cm) | 24.5×5.4×11.7 | 24.7×5.45×11.9 | 25×5.5×12 | 25.3×5.58×12.1 |
| 窑室边长(cm) | 101 | 102 | 103 | 104 |
| 窑室横断面面积(cm²) | 10201 | 10404 | 10609 | 10816 |
| 砖坯条面面积(cm²) | 132.3 | 134.6 | 137.5 | 141.2 |
| 64 块砖坯条面总面积(cm²) | 8467 | 8615 | 8800 | 9035 |
| 窑上口排烟面积(cm²) | 1734 | 1789 | 1809 | 1781 |
| 红砖尺寸(cm) | 24×5.3×11.5 | 24×5.3×11.5 | 24×5.3×11.5 | 24×5.3×11.5 |
| 红砖条面面积(cm²) | 127 | 127 | 127 | 127 |
| 64 块砖坯条面总面积(cm²) | 8141 | 8141 | 8141 | 8141 |
| 窑下口通风面积(cm²) | 2060 | 2263 | 2468 | 2675 |
| 比上口增加通风面积(%) | 19 | 26.5 | 36 | 50 |

同时,还应考虑窑内除去砖坯所占的面积后剩下的面积(亦即所有空隙面积的总和),实际上就是窑内的通风面积。烧成带以下的保温带和冷却带为空气被吸入的进风面积,烧成带、预热带及干燥带是烟气排出的烟风通道面积。进风面积太大,进风量大,燃料消耗量大,焙烧周期短,难以将砖烧熟;进风面积太小,进风量小、燃料消耗小、焙烧周期延长,产砖量减少。所以遇到焙烧周期长的泥料,就可考虑适当减少通风面积,比如多码 1 行砖坯。同理,遇上焙烧周期短的泥料,就可以适当增加通风面积,比如减少码砖的行数。

窑室横断面正方形的边长计算公式为:

$$窑室边长＝砖坯长×4＋3cm$$

从表 4-1 可以看出，随砖坯的长度变化所采用的窑室边长略有变化，但排烟面积都很接近。由于砖坯烧成收缩后烧成的红砖为同一尺寸，所以下口进风面积都有不同程度的增加。

另外，如果窑室横断面正方形边长大于上式计算尺寸时，砖坯有大面贴壁掉下串层而出现卡窑（局部卡住而不能下降）的危险；如果小于上式计算尺寸时，更容易发生砖坯顶面挂住窑壁，而出现顶面卡窑事故（图 4-3）。

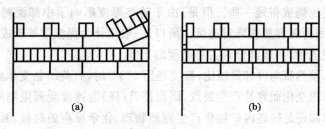

**图 4-3　卡窑**

（a）顶面卡窑　（b）大面卡窑

## 112. 窑室高度怎么确定?

窑室的高度指砖坯进窑完成全部焙烧过程到红砖冷却后等待出窑所占有的高度，亦即焙烧五带的高度，也就是从炉条到窑上口的高度。

窑室越高，焙烧时间越有保障，但太高了不仅增加建窑费用，还给砖坯上窑增加困难，预热带底层以上的高度应以砖坯干强度为准。太高了底层的砖坯可能被压坏，烧成带底层以上的总高度所受的压力应在 $49.05kN/m^2$（千牛/平方米）以下。

砖的烧成最高允许温度即砖的软化温度，而软化温度就是在 $49.05kN/m^2$ 的荷重下，产生 $0.5\%$ 变形时的温度。如果压得太重，将会使红砖因变形而不合格。

干砖坯的容重约为 $19kN/m^3$，由于窑内码砖时留有空隙，实际容量重约 $16kN/m^3$。若码高为 3m 时，对底下的压力已很接近最大允许压力 $49.05kN/m^2$。

所以，干燥、预热和烧成带的总高度以 3m 为限，一般情况下应掌握在 2.5m。

保温带与冷却带的总高度主要受降温速度的限制。

保温带与烧成带相比，烧成带是从 600℃ 升温至烧成温度，并保持一段时间，而保温带只是从烧成温度降到 600℃，相较而言似乎应比烧成带短一些。但是，由于砖坯厚度影响了中部泥料的焙烧，因而需要放慢降温速度。所以，一般设计为保温带等于或略长于烧成带，一般都分别占总高度的 12%～15%。

预热带与冷却带相比，都要经历 573℃ 时，石英结晶变体反应，其体积变化而容易产生裂纹，因而使升（降）温速度受到限制外，预热带起还是砖坯内矿物质产生剧烈物理、化学反应的时候，而到冷却带时主要反应已基本上结束；再加上砖坯烧成收缩及燃煤的消耗，而使砖间的空隙变大，加速了向空气散热。所以，冷却带可以比预热带短，但又由于冷却带降温差（60～600℃）比预热带（200～600℃）升温差大，又相对需要增加一些时间。所以，设计时一般取冷却带等于或少于预热带的高度，分别为窑室高度的 30%～35%。

此外，小立窑主要焙烧自然干燥砖坯，都需要在入窑后再予干燥，所以还应有一段干燥带。保温和冷却带的高度应该低于干燥、预热和烧成三带的高度，一般设计为 2m 左右即可。

综上所述，窑室的五带总高度为 4.5～5m。

### 113. 窑体究竟有多高？

窑室以下至地面的高度为出窑段，即炉条以下至地面的高度。该段主要用于卸砖出窑操作，既要不影响工人操作又要便于窑车的拉出。在此前提下应尽量避免不必要的增高，以免增加窑体总高度。窑体高度也就是窑室加上出窑段的总高度（表4-2）。

出窑段的高度等于炉条高、炉条梁高、四层陡砖高度、窑车面距窑底地面的高度、窑底地坪与窑外地坪的高度差,再加上炉条梁与卸出砖之间,应留出的必要间隙,该高度主要根据窑车车轮直径的大小,而为 130～180cm。

**表 4-2 窑体高度范围** （单位:m）

| 总标高 6～7 | | |
|---|---|---|
| 窑室高度 4.5～5 | | 卸砖段 |
| 干燥、预热、烧成带 | 保温、冷却带 | 1.3～1.8 |
| 2.5～2.8 | 2 左右 | |

## 114. 窑体外墙厚度怎么选定?

窑墙体因受自重的压力,而使其高度受到限制。由于计算比较复杂,我们根据小立窑的材料和砌筑条件等特点,列出系列数据供选用(表 4-3)。

**表 4-3 砖体砌体轴心受压承载能力** （单位:MPa）

| 墙厚(cm) | | 24 | | | | 37 | | |
|---|---|---|---|---|---|---|---|---|
| 砂浆标号 | 50 | 25 | 10 | 4 | 50 | 25 | 10 | 4 |
| 墙计算高度(m) | 2 | 2.46 | 1.74 | 1.47 | 1.17 | 4.02 | 3.25 | 2.50 | 2.08 |
| | 3 | 2.20 | 1.69 | 1.22 | 0.90 | 3.80 | 3.02 | 2.30 | 1.83 |
| | 4 | 1.92 | 1.42 | 0.97 | | 3.55 | 2.78 | 2.03 | 1.56 |
| | 5 | 1.65 | 1.18 | | | 3.28 | 2.51 | 1.78 | 1.29 |
| | 6 | | | | | 3.00 | 2.34 | 1.53 | |
| 极限 | | 5.8 | 5.3 | 4.8 | 3.8 | 8.9 | 8.1 | 7.4 | 5.9 |

注:1. 表列压力值,按墙长 1m 计算。

2. 如用纯水泥砂浆砌筑时,压力值只有 85%。

小立窑高度一般为 6～7m,由于窑室可以高出窑体 1m 左右,所以窑的外墙高度为 5～6m,从表 4-3 和表 4-4 中可以查出当红砖标号为 10 号,砂浆标号为 25 号时,只宜选用 37 墙,而上半段则可以选用 24 墙。

如果用其他墙体材料时,可参考表 4-4 所列压力值,插入表 4-3,查取墙的厚度。

表 4-4　几种砌体的抗压强度　　　　(单位:MPa)

| 标　号 | | 混合砂浆 | | | | 纯水泥砂浆 | 新砌体强度 |
|---|---|---|---|---|---|---|---|
| | | 50 | 25 | 10 | 4 | ≥50 | 0 |
| 红砖 | 20 | 4.51 | 3.83 | 3.24 | 2.84 | 3.83 | 2.26 |
| | 10 | 3.04 | 2.45 | 2.06 | 1.77 | 2.55 | 1.28 |
| 砌块料石 | 100 | 33.34 | 30.40 | 28.44 | | 28.34 | 24.52 |
| | 150 | 18.63 | 16.67 | 14.71 | | 15.89 | 12.26 |
| | 20 | 8.3 | 7.35 | 6.37 | | 14.5 | 4.90 |
| | 10 | 4.90 | 4.41 | 3.43 | | 4.12 | 2.45 |
| 乱毛石 | 100 | 5.40 | 4.12 | 2.94 | 2.26 | 4.61 | 0.98 |
| | 50 | 3.53 | 2.65 | 1.86 | 1.37 | 3.04 | 0.49 |
| | 20 | 2.16 | 1.57 | 1.08 | 0.78 | 1.86 | 0.20 |

从表 4-4 还可以看出,纯水泥砂浆的强度,比混合砂浆约小一个等级;尤其是施工过程中,砂浆尚未硬结,其新砌体的砂浆强度只能按 0 进行验算。这往往是建窑过程中点火前垮窑的重要原因,应予特别注意保持砌体的湿润和一定的养护期。

### 115. 外墙的中间为什么要砌一堵拉接墙?

窑体外墙受填土的压力而使墙体长度上受到水平压力,如果墙体抗弯承载力不够,则可能造成轴心沿齿缝破坏。当在墙体中间加一堵拉墙(结构墙),就相当于把 4m 宽的墙体隔成了两个 2m,其轴心受压强度大大减少(参见后文图 4-8)。

另在窑体烘干前,窑顶上尽量不要堆放砖坯等重物,防止在窑体干燥前增加外加压力。

**116. 窑门拱的设计要点是什么?**

　　窑内烧成的红砖,需要不断地定时出窑并加进砖坯,才能实现连续生产,而将窑室内的红砖卸到窑底,需要操作空间。从窑底送出窑外,更必须开设窑门,一般都在窑室下设置互相贯通的两个圆拱窑门,通过圆拱将窑门顶上荷载的压力,传到拱脚下的两侧的直墙上。采用圆弧拱结构,不仅是施工简便,更主要是可以就地采用抗拉强度差但抗压强度高的砖、石等材料,以降低窑的造价。

　　拱的结构设计是否合理,不仅影响窑体的结构安全,还涉及操作工人的人身安全。

　　通过窑体外墙厚度的设计,我们已经选定下半段外墙厚度采用 37 砖墙,这里我们也选用与拱下直墙轴线一致的 37cm 厚的圆弧形砖拱圈。

　　拱的水平推力是造成拱砌体破坏的一个常见的大问题。采用 180°圆心角的半圆形拱结构,可以认为其几何轴线与受力轴线基本吻合,即拱圈上荷重的压力全都传给了两侧立墙,变成了墙体承受的轴向压力,而不产生水平推力(图 4-4)。

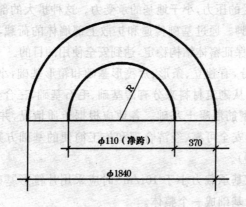

**图 4-4　拱的设计**

因为拱体强度与其跨度成反比,所以设计时应尽可能缩小跨度。为便于窑车拉出,窑门宽设计为1.1m,即拱的底跨度(亦称净跨)为110cm。图4-5为窑门拱施工时的照片。

**图4-5 窑门拱施工**

### 117. 小立窑基础有几种类型? 片筏形基础起什么作用?

(1)地基是窑体的最终支撑物。如果窑体压在地基上的重量大于其最大承载力,地基就会产生变形,使窑体下沉、倾斜、开裂以至垮塌。这时就需要将墙体底与地基的接触面积扩大,使地基在单位面积上所承受的压力,小于地基的承受力。这种扩大的部分称为基础,俗称放大脚。通过基础传递和扩散上部墙体的荷载,可以控制地基下沉,以保证窑体结构稳定,达到安全使用的目的。

按构造分,有独立、条形、片筏形基础和箱形基础,小立窑一般为条形基础;从砌筑材料来分有砖基础、毛石基础、三合土基础、混凝土基础及钢筋混凝土基础。各地应根据土质情况,并尽可能就地取材,选择安全可靠、经济合理和施工简便的基础方案(参见设计施工图4-9)。

(2)当地基承载力小于$10t/m^2$时应采用片筏形基础,俗称满底基础,整个基础成一个整体。

当地基承载力太小又难以再扩大片筏基础面积时,窑体将产生沉降,直到地基被压实,使其承载力增加到与窑体压力平衡时才停止。为防止基础开裂产生不均匀沉降,应采用钢筋混凝土基础,并预留沉降的窑体高度。

**118. 地基承载力大致在什么范围?**

地基土每平方米能承受的均布荷重,而不产生变形的最大压力,称之为地基的承载力或容许承载力。例如:一般黏土的容许承载力多为 147.15kN/m² (即 15t/ m²)左右,也就是说这种地基上每平方米可以承受 15t 的重量。各种地基的承载力大致范围列于表4-5。

**表4-5　地基的承载力大致范围**

| 类别 | 岩石 | | 碎石土 | 砂土 | 一般黏土 | 淤泥 |
|------|------|------|--------|------|----------|------|
| | 硬 | 软 | | | | |
| (t/m²) | 50~400 | 20~200 | 15~100 | 12~40 | 10~40 | 4~10 |
| 说明 | 随风化程度的增加而降低 | | 随密实度的增加而增大 | 随密实度的增加和含水率的减少而增大 | 随含水率的增加而减少 | 随含水率的增加而减少 |

小立窑条形基础要求地基承载力在 10~15t/m² 以上,小于 10t/m² 时宜采用片筏形基础。

**119. 基础的掩埋深度怎样确定?**

一般通过对墙体的重量及经过拱传来的重量、窑顶的填土和储坯的重量以及基础本身的重量加在一起,并考虑相当的运坯码窑等活动荷载等进行基础宽度计算,然后再按宽高比(表4-6)确定基础的高度。

基础应全部埋在地下。寒冷地区基础应埋在冻土线以下。如果地基稳定土层很深时,可增加埋深或在稳定土层上回填砂卵石后再砌基础。

当在整块岩石上建窑时,可不用基础,将墙体直接砌在找平的岩石上,但墙体也应有一定的埋深。

**表 4-6　常用基础台阶宽高比的容许值**

| 基础名称 | 质量要求 | 地基承载力(t/m²) | | |
| --- | --- | --- | --- | --- |
| | | <10 | 10~20 | 20~30 |
| 混凝土 | 0.75~10 号 | 1∶1 | 1∶1.25 | 1∶1.25 |
| 砖 | 砖 10 号、砂浆>25 号 | 1∶1.5 | 1∶1.5 | 1∶1.5 |
| 毛石 | 砂浆>25 号 | 1∶1.25 | 1∶1.75 | — |
| 三合土 | 石灰 1、砂 2、集料 4 | 1∶1.5 | 1∶2 | — |

# 4.3 窑体设计施工图

### 120. 节煤砖瓦小立窑平面图是怎样的?

节煤砖瓦小立窑平面图如图 4-6 所示。

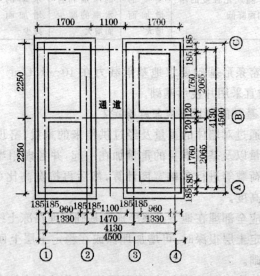

**图 4-6　节煤砖瓦小立窑平面图(1.5m 以下墙体平面)**

图示为底部尺寸,外墙坡 5%收坡,通道墙直砌(基础另见图 4-9)

# 第4章 小立窑的设计与施工

## 施工说明

1. 本设计为典型单元结构,施工现场尽量利用地形靠坎砌筑(但应注意排水)。平地砌筑时增设上窑梯步。改土窑时,将其视为外墙,在其中砌筑密室即可。

2. 设计标高 0.00 以窑底地坪为准。高出窑外地坪＋0.1m 以上(标高以米计)。

3. 地基承载力按 15t/m² 计标。基槽应挖至老土以下 0.15m 处,并不浅于图 4-9 基础深度。

4. 窑体采用大于 75 号条砖或相当于该标号的其他建筑材料,用 25 号砂浆砌筑。窑室应尽量采用耐火砖或白泡石,用耐火泥砌筑,灰缝宽小于 3mm。

5. 两炉条梁顶面应安装在一个水平面上,梁两端下面应置钢垫板。

6. 窑室必须垂直于水平面,四内壁均应互相垂直,横截面尺寸的误差应控制在 5mm 以内。内壁必须平整,窑壁与拉接墙间的膨胀缝,砌筑时应置入 5mm 厚的纸板。

7. 窑体外墙下 3.5m 为 370 墙,上 2.5m 为 240 墙,拉接墙用 240 墙,3m 以上的外墙上每 0.5～0.6m 高设置一排泄气孔(120×60)两孔的水平距不大于 1.5m。外墙可按 5‰往上收坡。

8. 窑顶为自然填土地坪,顶上按当地条件设避雨房(棚)。

9. 窑底地坪按 5‰坡度向外延伸至成品堆场。

10. 本设计适用于非地震区,地震区应采用相应的抗震措施。

**121. 节煤砖瓦小立窑立面图是怎样的?**

节煤砖瓦小立窑立面图如图 4-7 所示。

**122. 节煤砖瓦小立窑窑顶平面图、拱上平面图是怎样的?**

节煤砖瓦小立窑窑顶平面图、拱上平面图如图 4-8 所示。

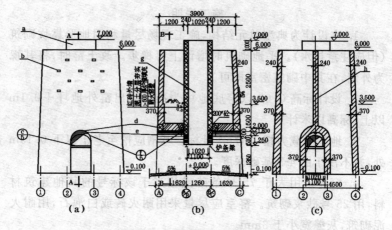

**图 4-7　节煤砖瓦小立窑立面图**

(a)正立面图　　　(b)A—A 剖面　　　(c)B—B 剖面图

a. 窑口　b. 泄气孔　c. 炉条梁　d. 外拱　e. 内拱　f. 挂环　g. 窑室　h. 拉接墙

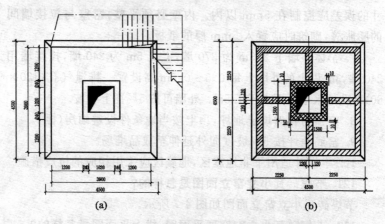

**图 4-8　节煤砖瓦小立窑窑顶平面图、拱上平面图**

(a)窑项平面　　(b)3m 以上平面

注:图(a)中 1. 窑口外侧抹水泥石灰砂浆 20 厚　2. 需要梯步时可按图示布置

图(b)中 10 厚的膨胀缝砌筑时应垫入纸板

### 123. 节煤砖瓦小立窑基础图是怎样的？

节煤砖瓦小立窑基础图如图 4-9 所示。

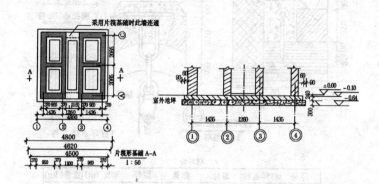

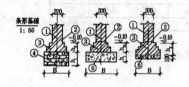

| 地基承载力 | 基础宽度B | 毛石砼基 | | 混凝土基础 | | 砖基础 |
|---|---|---|---|---|---|---|
| t/m² | mm | 毛石200号<br>砂浆50号 | | 混凝土<br>100号 | | 75号砖、<br>50号砂浆 |
| 16 | 800 | 300 | 240 | 200 | 300 | 370 |
| 11 | 900 | 350 | 240 | 250 | 300 | 370 |
| 10 | 1000 | 400 | 240 | 300 | 300 | 370 |
| 基础高 | | $h_1$ | $h_2$ | $h_1$ | $h_2$ | $h_2$ |

条形基础尺寸表

**图 4-9　节煤砖瓦小立窑基础图**

1.25 号砂浆砌 75 号砖　2.25 厚 1：2 水泥砂浆防潮层

3.50 号水泥砂浆砌 100 号砖　4.50 号水泥砂浆砌 200 号毛石

5.100 号素混凝土基础　6.100 号素混凝土或三合土垫层

### 124. 节煤砖瓦小立窑葫芦挂环是怎样的？

节煤砖瓦小立窑葫芦挂环如图 4-10 所示。

### 125. 节煤砖瓦小立窑炉条和炉条梁是怎样的？

节煤砖瓦水立窑炉条和炉条梁如图 4-11 所示。

### 126. 节煤砖瓦小立窑组合窑平面图是怎样的？

节煤砖瓦小立窑组合窑平面图如图 4-12 所示。

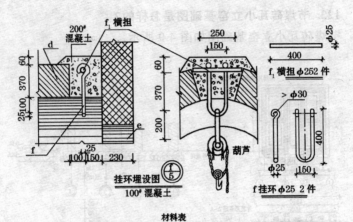

材料表

| 序号 | 材料名称 | 单位 | 邮量 | 型号 | 米长 (m) | 重量 (kg) |
|------|----------|------|------|------|----------|-----------|
| 1 | 手动葫芦 | 台 | 2 | 5t×1.5m | | |
| 2 | 挂环 f | 件 | 2 | φ25 | 2.0 | 7.7 |
| 3 | 横担 $f_1$ | 件 | 4 | φ25 | 1.6 | 6.16 |

图 4-10    节煤砖瓦小立窑葫芦挂环

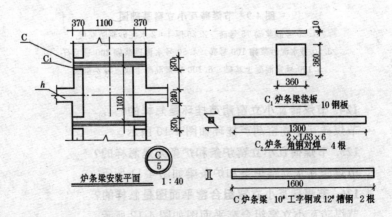

图 4-11    节煤砖瓦小立窑炉条和炉条梁

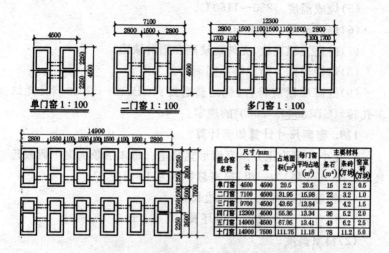

| 组合窑名称 | 尺寸/mm 长 | 尺寸/mm 宽 | 占地面积(m²) | 每门窑平均占地(m²) | 主要材料 条石(m³) | 主要材料 条砖(万块) | 主要材料 窑篦砖(万块) |
|---|---|---|---|---|---|---|---|
| 单门窑 | 4500 | 4500 | 20.5 | 20.5 | 15 | 2.2 | 0.5 |
| 二门窑 | 7100 | 4500 | 31.95 | 15.98 | 22 | 3.2 | 1.0 |
| 三门窑 | 9700 | 4500 | 43.65 | 13.84 | 29 | 4.2 | 1.5 |
| 四门窑 | 12300 | 4500 | 55.35 | 13.34 | 36 | 5.2 | 2.0 |
| 五门窑 | 14900 | 4500 | 67.05 | 13.41 | 43 | 6.2 | 2.5 |
| 十门窑 | 14900 | 7500 | 111.75 | 11.18 | 78 | 11.2 | 5.0 |

**图 4-12  节煤砖瓦小立窑组合窑平面图**

# 4.4 小立窑技术要求

**127. 小立窑烧砖的总则是什么?**

(1)本技术条件为建窑质量检查和验收的依据。

(2)本技术条件的拟定,以本窑能进行黏土烧结砖生产,并达到设计性能指标为准则。

(3)本技术条件经一定时期试行后,结合生产实践可作进一步的修订完善。

**128. 砖瓦小立窑的主要性能指标是什么?**

(1)砖坯化学成分在允许范围以内。

(2)出砖温度在 60℃左右。

(3)单位热耗。黏土烧结普通砖 550~840kJ/kg。

(4)码窑密度。450 块/m³ 左右。

(5)烧成温度。850～1150℃。

(6)烧成范围。大于50℃。

(7)砖坯无螺旋纹、无外观缺陷和雨淋缺陷。

(8)焙烧周期。随泥料不同而异。

(9)红砖质量应符合《烧结普通砖》(GB5101—2003)和《烧结多孔砖》(GB13544—2000)的规定。

**129. 窑室尺寸计算如何计算?**

砖瓦小立窑为正方形直筒形立窑室。每4层条面向下码放砖坯(约480mm高)为一组,窑室总容积为10组左右。

(1)窑室横截面正方形的边长。

$$边长=砖坯长×4+3cm$$

(2)窑室高度。

$$高=砖坯宽×4×组数(m)$$

(3)窑体上顶面地坪的标高。

$$标高=窑室高+1.4-0.1-1(m)$$

式中　1.4——炉条梁顶面至窑底的高度(m);

　　　0.1——窑底高出窑外地坪的高度(m)可略大于0.1;

　　　1——窑口上高出窑顶地坪的高度(m)。

**130. 窑体砌筑材料有哪些?**

(1)外墙材料。外墙宜采用符合国家标准的烧结普通黏土砖(GB 5101—2003)、承重混凝土砖(GB 25779—2010)、《烧结多孔砖》(GB 13544—2000)、蒸压灰砂多孔砖(JC 637—2009)、粉煤灰砖(JC 239—2001)和符合 GB 5101—2003 规定的页岩砖、煤矸石砖等,建筑用砂符合 GB/T14684—2001,水泥应当符合 GB175—2007、GB 1344—1999,石灰应符合 JC/T479—1992 的规定。

凡有资源的地方应尽量采用料石,其规格宜为厚度不小于20cm 的规则六方体,长度为厚度的1.5～3倍。如用毛石,也应呈块状,其中部厚度不宜小于15cm。

也可采用混凝土或当地经验证明确实可用的其他建筑材料。

（2）窑室材料。窑室材料力求耐火性能，以耐火砖→白泡石→红砖（焙烧带和保温带还可用土坯，但易损坏）的顺序选择。以耐火砖最佳。

（3）砌筑砂浆。砌筑砂浆应采用水泥混合砂浆，标号不得低于25 号。

### 131. 砌砖工程的技术要求有哪些？

（1）砌筑砖的湿润含水率以其饱和含水率（黏土砖一般为10%～15%，灰砂砖和粉煤灰砖一般为 5%～8%）的 2/3 为度。现场检查时，将砖砍断，其断面四周的吸水深度达 1.5cm 左右时为好。

（2）水平灰缝饱满度不小于 80%，竖向灰缝饱满度不应小于60%。

（3）临时间断处的留槎长度不应小于高度的 2/3，一律不准留直槎。接槎时，必须将留槎处的表面清理干净，浇水湿润，且应填满砂浆。

（4）水平灰缝厚度一般为 10mm，不应少于 8mm，也不应大于12mm。

（5）搭接砖缝必须错开，宜采用一顺一丁、梅花丁或三顺一丁的砌筑形式。

（6）窑室灰浆应选用与砌筑材料相同的材料，灰缝应控制在2mm 左右，不应大于 3mm。

### 132. 砌石工程的技术要求有哪些？

石砌体坚硬、耐久，应优先选用。

（1）料石砌筑。料石应放置平稳，大面向下。灰缝宜不大于20mm，需要垫片时，应在铺浆前先用 4 块垫片将料石垫平，然后移开料石，铺上高于垫片厚度 3～5mm 的砂浆，砌上料石后再清理灰缝里挤出的砂浆。

(2)毛石砌筑。

①底层第一匹石块应坐浆,并将大面向下。

②较大的空隙,应先填满砂浆后再用碎石块嵌实,不得先摆碎石后塞砂浆。

③墙上必须设置拉接石,一般每 0.7m² 墙面至少应设置一块,且同层内的中心距不应大于 2m。拉接石的长度不应小于墙厚。

④每砌 3~4 匹高度,应找平一次。

**133. 泄水、泄气孔的设置原则是什么?**

窑体外墙标高在 3m 以上时,每 0.5~0.6m 高处应留泄气孔,两孔的水平距离不得大于 1.5m。窑顶面应为自然填土地坪。必要时还应临时钻泄气孔,防止水蒸气冲裂墙体。窑体干透后可封闭汽孔或作混凝土地面。

靠山砌筑时,挡土墙的下段应留泄水孔。

**134. 冬季防冻应采取什么措施?**

冬季防冻搭施应采用热盐水浇砖或干砖用大稠度砂浆,并采用"三一"砌砖法砌筑。

**135. 小立窑安装工程的技术要求有哪些?**

(1)两炉条梁的顶面,必须安装在一个水平面上,互相平行并垂直于侧墙。

(2)窑室必须垂直于水平面。内侧四壁必须平整并互相垂直。横截面的尺寸误差应控制在 ±3mm 以内。

(3)两拱顶上预埋的挂环中心线到窑室中心线的距离应相等。两挂环的距离应与窑车挂环的距离相等。

(4)配用机具应符合设计要求,达到国家规定的标准。

(5)手动葫芦必须随带符合 JB7334—2007 标准的合格证书和使用说明书。

**136. 小立窑的材料和施工方法有什么调整规则?**

在确定安全的前提下,砖瓦小立窑的砌筑材料和施工方法,可结合当地的具体情况,允许根据当地土建实际证明确实安全可靠的方案,因地制宜地适当调整。

# 4.5 建窑施工

### 137. 建窑选址要注意哪些问题?

窑址首先要避开水的侵扰,一方面应尽可能不在地下水位高的地方建窑,另一方面则是要排水方便,尤其是雨季要排水及时,不得滞留;其次是要避开地质复杂的地方,以免造成施工困难和不均匀沉降。

当厂址有坡度时,应尽可能将窑建在低处,利用地形降低晾坯场与窑顶的高度差,以方便运坯上窑。

### 138. 建窑材料如何概算?

建单门窑约需基础条石 15m³,每增加一门再加 7m³,墙体红砖 2.2 万块,每增加一门再加 1 万块,窑室耐火砖 0.5 万块。为了查取方便,将材料概算列入表 4-7。

表 4-7　建窑材料概算

| 窑门数 | | 1 | 2 | 3 | 4 | 5 | 6 | 7 | 8 | 9 | 10 | 备　注 |
|---|---|---|---|---|---|---|---|---|---|---|---|---|
| 年产砖(万块) | | 100 | 200 | 300 | 400 | 500 | 600 | 700 | 800 | 900 | 1000 | 随泥料不同而增减 |
| 占地面积(m²) | | 20 | 32 | 45 | 58 | 70 | 75 | 87 | 100 | 113 | 125 | 6 门以上按群窑计 |
| 基础(m³) | | 15 | 22 | 30 | 36 | 43 | 50 | 57 | 64 | 71 | 78 | 随地基承载力而增减 |
| 外墙 | 红砖(万块) | 2.2 | 3.2 | 4.2 | 5.2 | 6.2 | 7.2 | 8.2 | 9.2 | 10.2 | 11.2 | 任选一种,建群窑可少用料 |
| | 条石(m³) | 45 | 75 | 105 | 135 | 165 | 200 | 230 | 260 | 290 | 320 | |
| 窑室 耐火砖 | 最多(万块) | 0.5 | 1 | 1.5 | 2 | 2.5 | 3 | 3.5 | 4 | 4.5 | 5 | 减少的耐火砖用红砖补上 |
| | 最少(万块) | 0.2 | 0.4 | 0.6 | 0.8 | 1 | 1.2 | 1.4 | 1.6 | 1.8 | 2 | |
| 水泥(t) | | 2 | 3 | 4 | 5 | 6 | 7 | 8 | 9 | 10 | 11 | 普通硅酸盐水泥 325# |
| 石灰(t) | | 2 | 3 | 4 | 5 | 6 | 7 | 8 | 9 | 10 | 11 | 生石灰 |

**续表 4-7**

| | 窑门数 | 单 | 2 | 3 | 4 | 5 | 6 | 7 | 8 | 9 | 10 | 备　注 |
|---|---|---|---|---|---|---|---|---|---|---|---|---|
| | 砂（m³） | 8 | 12 | 16 | 20 | 24 | 28 | 32 | 36 | 40 | 44 | 最好用中砂 |
| 钢材 | 炉条梁（m） | 12.5 | 15.4 | 18.6 | 30.8 | 34 | 37.2 | 49.4 | 52.6 | 55.8 | 68 | 8公斤轻轨,12号槽钢或10号工字钢任选一种 |
| | 炉条（m） | 10.4 | 20.1 | 30.2 | 41.6 | 52 | 62.4 | 72.8 | 83.2 | 93.6 | 104 | 厚度5mm以上的∠60角钢 |
| | 挂环（m） | 3 | 6 | 9 | 12 | 15 | 18 | 21 | 24 | 27 | 30 | 用Φ25圆钢 |
| 手拉葫芦 | 最多1台 | 2 | 4 | 6 | 8 | 10 | 12 | 14 | 16 | 18 | 20 | 荷重5t,链长3m |
| | 最少1台 | 2 | 2 | 2 | 4 | 4 | 4 | 6 | 6 | 6 | 8 | |

### 139. 怎样判断地基土层的承载力？

比较准确的是进行地基土层的荷载试验,更多的则是进行野外鉴别。但经验的积累对鉴定结论影响很大,最好请当地建筑施工技术人员予以协助。

为了方便查阅,将几种土的数据分别列于表4-8～表4-16。

**表 4-8　地基土的分类**

| 类 别 | 岩石 | 碎石土 | 砂土 | 黏性土 | 软土 | 人工填土 |
|---|---|---|---|---|---|---|
| 特 征 | 整体或有节理裂隙 | 粒径>2mm的颗粒>50% | >2毫米的颗粒<50%,干燥时松散 | 干燥时呈粘结块 | 孔隙比>1,含水率大 | 人类堆积而成的土 |

**表 4-9　碎石土容许承载力**　　[单位:t/m²(9.8kN/m²)]

| 名 称 | 密实 | 中密 | 稍密 | 说　明 |
|---|---|---|---|---|
| 卵 石 | 80～100 | 50～80 | 30～40 | >2mm的颗粒>50%孔隙被砂或坚硬的黏土填满,石块风化后要降低承载力 |
| 碎 石 | 70～90 | 40～70 | 20～30 | |
| 圆 砾 | 50～70 | 30～50 | 20～30 | |
| 角 砾 | 40～60 | 20～40 | 15～20 | |

### 表 4-10　碎石土密实度野外鉴别

| 密实度 | 颗粒重量 | 排　列 | 可　挖　性 |
|---|---|---|---|
| 密　实 | >70% | 交错排列<br>连续接触 | 锹镐挖掘困难,用撬棍方能松动。立壁较稳定 |
| 中　密 | 60~70 | 连续接触 | 锹镐可挖掘,立壁有掉块现象,取出大块后能保持颗粒的凹面形状 |
| 稍　密 | >60% | 排列混乱<br>大部不接触 | 锹可挖,立壁易坍塌,大块掉下后,砂土立即塌落 |

### 表 4-11　砂土容许承载力　　　[单位:t/m²(9.8kN/m²)]

| 名　称 | 粒度所占重量(%) | 含水率 | 密实 | 中密 | 稍密 |
|---|---|---|---|---|---|
| 砾砂 | >2mm 为 25%~50% | 不限 | 40 | 24~34 | 16~22 |
| 粗砂 | >0.5mm>50% | | | | |
| 中砂 | >0.25mm>50% | | | | |
| 细砂 | >0.1mm>75% | 稍湿 | 30 | 16~22 | 12~16 |
| 粉砂 | >0.1mm<75% | 很湿 | 20 | 12~16 | — |

### 表 4-12　砂类土的密实度(孔隙比)

| 名　称 | 密实 | 中密 | 稍密 | 松散 |
|---|---|---|---|---|
| 砾砂、粗砂、中砂 | <0.6 | 0.6~0.75 | 0.75~0.85 | >0.85 |
| 细砂、粉砂 | <0.7 | 0.70~0.85 | 0.85~0.95 | >0.95 |

注:孔隙比即孔隙体积与颗粒体积之比。

### 表 4-13　砂土的简易鉴别方法

| 类别 | 砾砂 | 粗砂 | 中砂 | 细砂 | 粉砂 |
|---|---|---|---|---|---|
| 颗粒粗细 | 与小高粱米相似 | 与小米相似 | 与白菜籽相似 | 与粗玉米粉相似 | 与细玉米粉相似 |

**续表 4-13**

| 类 别 | 砾砂 | 粗砂 | 中砂 | 细砂 | 粉砂 |
|---|---|---|---|---|---|
| 颗粒干燥状态 | 完全分散 | 个别粘结 | 局部胶结，一碰即散 | 少量较细，碰撞即散 | 大胶结，加压力可散 |
| 湿润时用手拍 | 表面无变化 | 表面无变化 | 表面偶有水印 | 表面有水印 | 表面显著翻浆 |
| 粘着程度 | 无粘着 | 无粘着 | 无粘着 | 轻微粘着 | 轻微粘着 |

**表 4-14　一般黏土容许承载力**　　[单位:$t/m^2(9.8kN/m^2)$]

| 塑性指数 液性指数 孔隙比 | ≤10 | | | >10 | | | | | |
|---|---|---|---|---|---|---|---|---|---|
| | 0 | 0.5 | 1.0 | 0 | 0.25 | 0.50 | 0.75 | 1.00 | 1.20 |
| 0.5 | 35 | 31 | 28 | 45 | 41 | 37 | — | | |
| 0.6 | 30 | 26 | 23 | 38 | 34 | 31 | 28 | | |
| 0.7 | 25 | 21 | 19 | 31 | 28 | 25 | 23 | 20 | 16 |
| 0.8 | 20 | 17 | 15 | 26 | 23 | 21 | 19 | 16 | 13 |
| 0.9 | 16 | 14 | 12 | 22 | 20 | 18 | 16 | 13 | 10 |
| 1.0 | — | 12 | 10 | 19 | 17 | 15 | 13 | 11 | — |
| 1.1 | | | | 15 | 13 | 11 | 10 | | |

**表 4-15　黏性土塑性指数的简易鉴别**

| 地质分类 塑性指数 孔隙比 | 黏 土 >17 | 亚黏土 10~17 | 轻亚黏土 3~10 |
|---|---|---|---|
| 湿润时用刀切 | 切面很光滑，刀上有黏腻的阻力 | 切面光而规则，稍有光滑面 | 切面粗糙，无光滑面 |
| 用手捻摸 | 有滑腻感，水多时极为黏手 | 稍有黏腻感、黏滞感，有少量细颗粒 | 稍有或无黏滞感，感觉粗糙 |
| 粘着程度 | 湿土极易粘着，干后不易剥去 | 能粘着，干后较易剥掉 | 一般不黏，干后一碰即掉 |

**续表 4-15**

| 地质分类<br>塑性指数<br>孔隙比 | 黏 土 | 亚黏土 | 轻亚黏土 |
|---|---|---|---|
|  | >17 | 10～17 | 3～10 |
| 搓条情况 | 能搓成＜0.5mm<br>的土条 | 能搓成 0.5～<br>2mm 的土条 | 能搓成 2～3mm 的<br>土条 |
| 干燥后的强度 | 坚硬，手不易折<br>碎，用力锤击可打<br>碎，断面有尖锐棱角 | 锤击成很多小块，<br>稍有棱角，手可折断 | 手指可捻成粉末 |

**表 4-16　按液性指数划分黏性土的软硬状态**

| 液性指数 | 0 | 0～0.25 | 0.25～0.75 | 0.75～1 | >1 |
|---|---|---|---|---|---|
| 状 态 | 坚硬 | 硬塑 | 可塑 | 软塑 | 流塑 |

### 140. 软弱地基该怎么处理？

对于承载力达不到设计要求的软弱地基，可将地基土层挤紧增加承载力，挤紧的办法有：夯实、将卵石或石块夯入土中、将水泥桩或硬杂木桩夯入土中。

将土层挤紧的办法难以奏效的，可将软弱土层挖出，回填夹砂石并夯实。砂砾石（俗称夹砂石）中石子含量不宜大于 50%，石子粒径 0.5～6cm。每层约 20～25cm 厚，压实后约为 10～20cm 厚，当缺乏天然砂砾石时，可以就地取材，采用石屑、煤渣、工业废渣、矿渣或碎石等作垫层。

还可用灰浆碎砖三合土垫层，即用石灰 1 份、砂（或泥沙）2 份加碎砖（或碎石、炉渣）4 份或按 1：3：6 的体积比拌和均匀，分层夯实亦可。

### 141. 怎样进行基础放线？

在选定的窑址上平整出比窑体底面积略大的一块平地，首先划出一条 4m 长的边线，然后用勾股原理，将另外分别为 3m 和 5m

的线组成一个三角形,3m
和4m两线相交的角便是直
角(图 4-13)。再划出这两
线的平行线即可组成一个
长方形或正方形,再按设计
尺寸划出基槽开挖线,并用
石灰撒成石灰线。

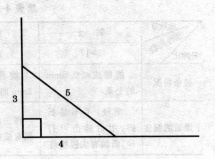

**142. 什么是"验槽"?**

验槽是指当基槽挖到

图 4-13　勾股原理求直角

超过基础高 10cm 的深度、底部宽度等于设计基础宽度后应进行
的检验工作。除检验尺寸外,还应再实地检查其承载力是否符合
设计要求。另一个重要项目是检查底部是否在一个水平面上。

**143. 有简易的方法检测水平吗?**

在农村往往难以用仪器进行水平检测,简易方法就应运而生。

(1)水管法。用一根透明的软管装满水,将两端靠在两根要检
测的木桩上,两端的水面即显示在一个水平上。两木桩垂直往下
相同高度的点也在一水平面上。

(2)拉线法。在两根木桩上拉一根线,在线中部用一水平尺的
一根棱与线挨近,调节线头的高低就可以让线成一水平。

(3)目测法。用一脸盆装满水,水上浮一根两端都有一缺口,
且缺口到水面的距离相等的木条或塑料泡沫条。从两缺口对齐的
一端看出去的点都在一个水平面上。

**144. 砌筑基础注意事项有哪些?**

小立窑的基础属于浅层的刚性基础,可以借鉴当地农村小楼
房经验进行砌筑。

首先基槽底应夯实并在一个水平面上,还可用一层素混凝土
找平。

砌筑时也像墙体一样要相互搭接、上下层不对缝。

毛石基础每阶高为 30～40cm,每阶伸出宽度小于 20cm,砌筑时应两边挂线,顶面必须找平,上面的石块伸入墙内的长度不小于墙厚的一半。

砖基础可以采用两皮或三皮一收,每边每次只能收 6cm。

混凝土或毛石混凝土应拌匀后浇灌并捣密实。不得采用填乱石后灌浆的方法,以免造成空缝。

基础以上地面以下的砖墙应设防潮层,一般采用 1:1 或 1:2 水泥砂浆,并掺入等于水泥重量 3% 的防水粉,做 2cm 厚。

砌完基础应在两侧同时回填土并分层夯实。砌完后还应让基础保持湿润(即养护)一周以上。

### 145. 砌筑砂浆怎么配制?

选材时应注意:砂最好用中砂,砂中的黏土和灰尘含量应小于 10%。新鲜的生石灰成块状,拿在手上比石灰石轻,且不觉冷;生石灰吸收空气中的水气消化为熟石灰粉或称消石灰,重量要增加 39%。购买水泥时应看清标号,一般用 325# 的普通硅酸盐水泥,还应注意出厂日期,因为水泥与空气中的二氧化碳和水汽作用,使其胶结性和强度降低,凝结时间延缓,一般说来,储存三个月可能降低强度 10%～20%,超过三个月要降低标号使用。

**表 4-17　常用砂浆配料量**　　　　　(单位:kg)

| 配　料 | | 水泥石灰砂浆 | | 水泥砂浆 | |
|---|---|---|---|---|---|
| | | 25# | 50# | 25# | 50# |
| 水泥 | 325# | 125 | 175 | 160 | 240 |
| | 275# | 150 | 210 | 193 | 290 |
| 石灰 | 生石灰 | 66 | 60 | — | — |
| | 熟石灰 | 92 | 83 | — | — |
| 砂 | | 1400 | | | |
| 水 | | 600 | 400 | 600 | 400 |

人工拌浆应尽量拌匀,一般以无粉、无团、颜色一致为准。拌好的砂浆应尽量在两小时内用完,严禁用隔夜砂浆。

### 146. 窑外墙有哪些施工要点?

基础完工时应将顶面找平,必要时用水泥砂浆垫平,再将砌墙线用墨线弹放在基础顶面上,砌墙前应将基础顶面打扫干净,并洒水润湿。砖也应先浸水,以水浸入砖 1～1.5cm 为好。砌砖时先在转角上逐层留槎砌 5～6 层砖,并量准高度,检查平整度、垂直度,再每匹挂线逐层砌砖,并应注意灰缝应不小于 8mm,不大于 12mm,灰缝的砂浆应尽可能饱满,其饱满度竖缝最少不得低于 60%,水平缝不得低于 80%。

砖墙每天的砌筑高度以不超过 1.8m 为宜,高温、干燥时墙面上应适当洒水,保持墙体湿润以进行养护,保证砂浆硬化。

### 147. 窑室砌筑要点有哪些?

首先在选材上窑壁应尽量采用耐火材料。除商品耐火砖外,在有资源的地方还可就近选用白泡石、叶蜡石和滑石等有一定耐火度的材料。白泡石即白色的泡砂石,有一定含铁量时呈黄色。叶蜡石与滑石极为相似,硬度低但经煅烧后失去滑性,硬度增加,都可作耐火材料。

窑室砌筑的关键为:四壁必须互相垂直并都垂直于水平面。施工时除常规检测外,在安装炉条梁时应认真校准水平,并在窑底地面上画出一个等于窑室尺寸的正方形,画出两对角线的交点即为窑中心点再将此中心点做出明显的而且不易被损坏的标记,以便砌筑窑室时校核中心线。

耐火砖的砌筑灰缝越薄越好,最大不超过 3mm,砌筑泥浆不宜采用砖刀刮浆,最好是将耐火泥拌成糊状,将耐火砖往泥浆里一攒即可。

为了节约耐火砖,可以在烧成带以上和保温带以下用红砖砌筑,因为红砖可以在 700℃ 下长期使用。考虑到高温的过度,应在从炉条梁起的 1.5m 以上和窑上口倒下 1.5m 以下共约 2m 高的区域用耐火砖砌筑。

### 148. 耐火泥浆怎么配制？

一般来说，用于砌筑耐火砖的泥浆应该选用耐火度相同或相近的耐火泥，但由于砖瓦烧成温度不高，一般为 950～1050℃，不能将耐火泥烧结，无法产生粘结作用。尤其是砖坯在窑内一直有大面贴壁，摩擦着向下移动，既要泥浆烧结使窑壁有一定的强度，又无需考虑泥浆熔融挂壁现象，所以直接采用制砖黏土配制耐火砖砌筑的泥浆即可。

泥浆的配制很简单，将黏土投入水中搅拌成混浊液，除去下层的粗颗粒和上层的澄清液即成。

### 149. 为什么要留膨胀缝？怎么留法？

耐火砖受热后要产生热膨胀，如果不预留让其膨胀的空间，就会发生窑壁变形甚至损坏。窑壁面横向两端是比较软的保温层填土，不会影响耐火砖的伸长。唯窑壁背面与窑外墙的拉接墙里端，就需留一个膨胀缝（图 4-14）。

膨胀缝不是随便留个缝就行，还应该防止泥土、砖块漏进缝内。砌筑时先垫上一层纸箱用的瓦楞纸（一般厚0.5cm 左右），烧毁后就形成空缝，不烧毁也可以被压缩

**图 4-14　膨胀缝留法**

### 150. 窑室模具有什么作用？怎么制作？

为了保证窑室四壁的相互垂直和窑室垂直于水平面，用一个与窑室尺寸一样的正方形模具就很有必要。该模具为一个长约1.5m 的正方形直筒（图 4-15），将其搁在已校准水平的炉条上，并

将模具的线垂对准窑的中心点。砌窑室的砖挨近模具砌筑,砌到模具高时,再将模具提高约1m并校准中心后再继续砌筑。

模具由四块约1.5m长的木板组成(长度以方便操作为度),其中有两块木板的宽度与窑室正方形边长相同,另两块宽度为窑室正方形边长减去两块木板的厚度。分别将两块不同宽度的

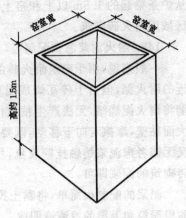

**图 4-15 窑室模具**

木板用合页拼接,可以收拢,打开来即成一个直角,两直角相对接即成一个正方形直筒。直筒的上下用细铁丝标出两根对角线,其交点即正方形直筒的中心,悬吊一个线垂即成。

**151. 窑体内外墙之间为什么要填土? 怎么填?**

窑体内外墙之间要填实使其成为一个整体,窑顶上才有负重能力,要填入保温材料减少传到外墙上的热,才能减少窑体散热损失。当填入松散状态的保温材料时,窑外墙便成一个容器,使外墙受到较大的压力,要求较高的强度,而且还得花费保温材料购置费;当填入泥土时,泥土的自持力可以减少对外墙的压力,又不用花钱,由于填土层很厚,经1m左右厚度的热传递后,外墙温度也不高,不致造成太大的散热损失,虽然加热填土要消耗一些热量,造成蓄热损失,但点一次火只有一次,因为小立窑是连续式窑常年生产,当窑体外温达到平衡状态后就再没有蓄热损失了。所以也符合节能的要求。

填土最好采用有一点湿度的自然土,每填入约0.5m高就用木杵轻轻夯平,然后砌筑工人在土层上进行内外墙的砌筑操作,又等于进行了一遍踩踏。为了增加填土的自持力,还可以在两层土

之间加几根树枝(不能多加)后再填上一层土。填土太干不容易夯实难以产生自持力,太湿了在窑体干燥时产生水蒸气太多,容易发生冲破墙体的事故。

### 152. 怎样制作窑车?

窑车的制作很简单,只需按图样要求购买一些型钢焊接即成(图 4-16~图 4-18)。图纸分两种车型,主要有车轮直径的大小之分。可任选一种,但出窑砖运距较远时应采用大直径车轮。

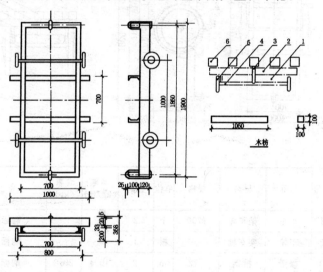

| 序号 | 名称 | 材料 | 规格 | 单位 | 数量 | 单重/(kg/m) | 合重/kg | 备 注 |
|---|---|---|---|---|---|---|---|---|
| 1 | 车架 | 槽钢 | [12 | m | 5.2 | 10.4 | 54.08 | Ⅰ型满焊连接 |
| 2 | 横梁 | 槽钢 | [12 | m | 2 | 10.4 | 20.8 | — |
| 3 | 勾环 | 元钢 | φ25 | m | 1.1 | 3.85 | 4.24 | — |
| 4 | 车轴 | 元钢 | φ26 | m | 1.7 | 4.17 | 7.09 | — |
| 5 | 车轮 | 实心胶带 | φ200 | m | 4 | | | 配 205 轴承 |
| 6 | 垫木 | 硬木枋 | 100×100 | 个 | 5.25 | — | — | 搁在车梁上不固定 |

**图 4-16 节煤砖瓦小立窑(窑车 1)**

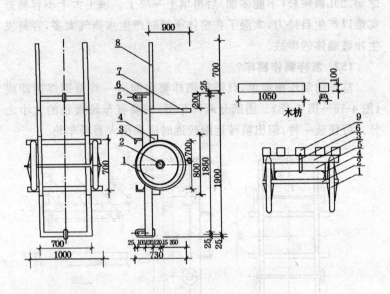

木枋

| 序号 | 名称 | 材料 | 规格 | 单位 | 数量 | 单重<br>(kg/m) | 合重<br>(kg) | 备 注 |
|------|------|------|------|------|------|------|------|------|
| 1 | 车轮 | 架车轮 | φ700 | 个 | 2 | — | — | 购标准件 |
| 2 | 车轮 | 架车轴 | | 根 | 1 | — | — | 购标准件 |
| 3 | 横梁 | 槽钢 | [12 | m | 2 | 10.4 | 20.8 | 购标准件 |
| 4 | 担条 | 槽钢 | [12 | m | 1.6 | 10.4 | 16.64 | — |
| 5 | 车架 | 槽钢 | [12 | m | 5.2 | 10.4 | 54.8 | — |
| 6 | 勾环 | 元钢 | φ25 | m | 1.1 | 3.85 | 4.24 | I型满焊连接 |
| 7 | 撑条 | 角钢 | L50 | m | 1 | 1.80 | 4.80 | — |
| 8 | 扶手 | 钢管 | φ50 | m | 1.8 | 4.08 | 7.34 | — |
| 9 | 垫木 | 硬木枋 | 100×100 | m | 5.25 | — | — | 不固定 |

**图 4-17 节煤砖瓦小立窑(窑车 2)**

### 153. 怎样选用卸砖出窑机具？

砖瓦小立窑都是一个方形直筒式窑室，唯出窑卸砖机具有多种，有的就以其机具冠名。如吊丝窑、漏窑、曲线窑等，实际上，只要能将窑内的砖坯和红砖（共约 7.5t 重）顶升约 2cm，抽

**图 4-18　液压千斤顶窑车**

出炉条后再下降约 50cm，使窑内红砖搁在重新插入的炉条上。任何机具凡能在窑下完成上述工作的，都可以用作卸砖出窑机具，选择的关键在于操作的方便程度和购置价格。

20 世纪 70 年代初四川省建材研究所研究成功的曲线窑，是在立窑室下面通过曲线坡度将下滑的红砖变为水平搁置，由水平搁置砖阻挡窑内的砖继续下滑，当在水平面上取走一定量的红砖，窑内的砖就自动下滑。但曲线坡度建设要求较高，比后来的悬空立窑工程量大，且易突发大量下滑事故，又只能烧全内燃砖等缺陷，被悬空立窑所取代。

吊丝窑是悬空立窑即统称砖瓦小立窑中影响最大的一种，西北建筑设计院于 1977 年进行了农村社队砖厂的定型设计，有立窑和砖厂的全套图样，有较大量的推广。该窑型就以其采用两台吊丝机卸砖出窑而被称为吊丝窑。窑内的红砖和砖坯全靠人力升降，费力费时，也逐渐淡出人们的视野。

螺旋升降也像千斤顶一样，用人力或机动使螺旋蜗杆升降，也由当地条件和习惯选用。

还有一种很简便的沙漏管可用于卸砖，它是在管内装满干粗砂，管下有一出砂小孔，沙漏出成 45℃ 时可自动堵孔并能承重。出砂孔处有一插板，平时盖住底板上的漏沙口，抽开插板，沙漏入

底板下的沙坑,管中的顶柱便缓缓下降,调节插板可随时调节下降速度和停止下降。虽造价低廉但操作繁杂且顶升还得另法。

夹江节煤科研所于 1985 年采用两台 5t 手拉葫芦卸砖很简便,手动、电动均可,除考虑购置费外,还要注意两台葫芦的升降速度要基本同步,操作就比较轻松,两人配合不好就容易发生不同步现象。

### 154. 怎样改吊丝机为手拉葫芦?

有一些已建成的吊丝窑要求改用手拉葫芦卸砖,改起来也比较方便。

首先卸掉丝杆和转盘,再用钢锯或气割断去悬吊丝杆的双梁。并将拱上原丝杆孔上的油污、积灰刮除再用水冲洗。然后在窑室内壁上对应于拱顶上位置开一个口,洞口的大小以手能伸进操作即可。

安装手拉葫芦挂环时,在拱顶上用一钢棒作横担穿在挂环两端的小孔里,调整好两挂环的位置,使其与窑车上的挂环距相同,再用板将拱底挂环下口堵住,最后从窑内壁上的洞口送进混凝土将挂环固定,然后用水保湿养护约 7 天后即可投入使用(图 4-19)。

### 155. 应急建窑的简易方法是什么?

灾后或其他急需红砖等不及办厂生产时,可以临时发动群众手工制砖坯,按预先规定的尺寸收购干砖坯。

窑址可选在坡坎处,如北方干燥地区就直接从台地上挖一个约 102cm 见方的竖井直至

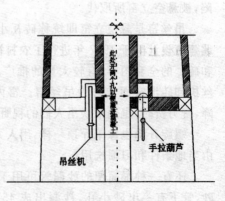

**图 4-19 吊丝机改手拉葫芦**

坎下地坪,如高度不足 6～7m,可用砖坯砌筑加高;再从地坪上对准竖井位置像挖窑洞那样,挖出大于 1.6m 宽、2.5m 高的拱洞与已挖成的竖井相通,再用红砖砌好两侧直墙和拱顶,使拱洞尺寸为宽 1.1m,拱下净高大于 2m。然后直墙再向里顺延穿过竖井到竖井的对侧再砌一个同样的拱洞,该拱洞还必须另挖一个能让人出入的通道,否则里侧操作间温度太高,灰尘太大,万一发生事故人又不能撤出。

砌红砖时在直墙上安装好炉条梁,拱顶上安装挂葫芦的挂环并做好一台窑车。这样就可以供临时烧砖用,烧出的红砖应急后,应留一部分红砖将窑建牢,并补砌上正规的窑内壁,也就过渡到常规小立窑了。

潮湿的南方,土壤湿度大容易坍塌,除了要做好排水、防水工作外,还应扩大窑体的底面积,形成较大的边坡,最好就地取材砌好护坡。窑内壁也最少要用红砖砌筑。

### 156. 移动式砖瓦小立窑有何优点?

为方便处理零星废土或到建筑工地就近用挖方废土烧砖,可将小立窑外墙改用钢板,钢板与窑内壁之间用保温材料。这就大大缩小体积和重量。将窑建在平板车上,便于由拖车拉走,如嫌窑体重心太高,可将窑室内墙改到现场砌筑,或将窑体分为两截到现场再吊装上半截。

# 第5章 节煤小立窑烧砖技术

## 5.1 节煤小立窑生产技术要点

**157. 节煤小立窑烧砖技术的用途是什么?**

本技术适用于黏土砖、页岩砖、煤矸石砖、粉煤灰砖及炉(矿)渣砖等烧结制品的生产。

以其投资少、占地小、结构简单合理、工艺科学、操作简便、热耗低、高质量等优点而成为"短、平、快"的星火技术。便于吃丘造田、借高土还低田、就近生产、就地销售、建迁灵活、见效快、效益高,尤其适应农房热、保护国土和生态环境的要求,是取代土窑的可靠技术手段。

随生产规模的大小可建单门或多门,甚至二十多门的群窑(图5-1)。既适宜于农村专业户使用,也适宜于厂矿处理废渣及建筑工地挖方废土就地烧砖,还可处理垃圾。用于灾后重建更有立竿见影之功效。

(a)          (b)

**图 5-1 不同门数的小立窑**

(c)

**图 5-1 不同门数的小立窑(续)**

(a)初建两门后扩建的混凝土外墙小立窑 (b)建设中的多门窑
(c)条石外墙两门小立窑

**158. 节煤小立窑的技术参数有哪些?**

(1)占地。单门窑 $20m^2$,每增一门再加 $11m^2$。

(2)入窑含水率。小于 6%。

(3)生产率。200~240 块/次·门,100 万块/年·门左右。

(4)焙烧标准煤耗(含利废热)。页岩砖:1 吨/万块以下,黏土砖:0.7 吨/万块以下。

(5)内燃程度。0~100%。

(6)烧成温度。850~1150℃。

(7)烧成范围。大于 50℃(大多数黏土原料的烧成范围在 50~100℃之间)。

(8)焙烧周期。随泥料烧结性能而多少,不限。

(9)成品率。95％左右。

(10)生产班期。3 班/日。

(11)年工作日。300～330 天。

**159. 节煤小立窑制坯工艺控制要点有哪些?**

(1)黏土原料技术要求。

①化学成分:制砖泥料化学成分范围见表 5-1。

表 5-1    制砖泥料化学成分范围(％)

| 项 目 | $SiO_2$ | $Al_2O_3$ | $Fe_2O_3$ | CaO | MgO | $SO_3$ | $Na_2O$ $K_2O$ | 烧失量 |
|---|---|---|---|---|---|---|---|---|
| 适 宜 | 55～70 | 10～20 | 3～10 | | | | | |
| 允 许 | 50～80 | 5～25 | 2～15 | 0～15 | 0～3 | ＜3 | 1～5 | 3～15 |

如果原料中有一定量的 $Na_2O$ 和 $K_2O$,而烧失量又低时,很可能属于水云母黏土。其烧结温度较低,但烧成范围可能很窄,应特别小心。

②颗粒组成:黏土原料颗粒的要求范围见表 5-2。

表 5-2    黏土原料颗粒的要求范围

| 粒度(mm) | 粘粒＜0.002 | 尘粒 0.002～0.02 | 砂粒＞0.02 | 最大粒度 |
|---|---|---|---|---|
| 适宜(％) | 15～30 | 45～60 | 5～25 | ＜3 |
| 允许(％) | 10～50 | 40～80 | 2～28 | ＜5 |

③塑性指数为 7～15,内燃砖加燃料后也不得低于 7。

④供土浸湿时间大于 1 天。

(2)内燃料的技术要点。内燃料的关键是准确地掌握发热量,否则容易出现欠火或过烧(甚至烧成带整体结瘤成一团堵窑而被迫停产)。

①粒度小于 3mm,其中小于 2mm 的大于 75％。

②及时化验掌握内燃料的热值。不用高挥发分的燃料作内燃

料,否则既浪费燃料又污染环境。

③加入量:

页岩砖:1.67 兆焦/砖(400 千卡/砖)以下,黏土砖:1.25 兆焦/砖(300 千卡/砖)以下。

**160. 小砖机成型的技术要点有哪些?**

小砖机成型如图 5-2 所示。

图 5-2　小砖机成型

(1)成型含水率小于 20%。

(2)砖机绞刀与缸壁间隙为 3～5mm。机头长度为 150～250mm,机口长度为 180～250mm。

(3)切坯机推板横缝宽度为 2～3mm,切坯钢丝直径小于0.9mm。应绷紧,勤刷,不粘杂质。

**161. 自然干燥的技术要点有哪些?**

(1)三勤。勤揭、勤盖、勤检查,严防雨淋、霜冻,防止早期烈日暴晒和大风。

(2)六放。先放夜风,后放日风;先放背风,后放正风;先放小风,后放大风。

(3)坯埕应坚固、平整、防水、透空,尽量不用土堆坯埕(图5-3)。

**162. 窑体结构与工作原理是什么?**

(1)结构形式。窑室为一个边长约1m的正方形直立空间,下设两根炉条梁。再配一套(两台5t手动葫芦和一辆窑车)卸砖出窑机具。

(2)结构特点。

①窑体外墙设拉接墙(结构墙),将整个窑体分成箱形组合体,增强了窑体的牢固性能。

**图5-3 运坯和晾坯**

②由竖立窑室内产生的负压来完成负压进风和正压排潮、排烟,不需外加鼓、引风设备和动力。

③用手动葫芦顶升卸砖,轻便、灵活,还可多门窑合用一套机具,降低了设备投资。

(3)工作原理。砖坯从窑顶的上口加进,在垂直方向从上到下经过干燥带、预热带、烧成带、保温带和冷却带后,由窑下口卸出。燃料亦在这五带中逐渐干燥、点燃、燃烧、燃尽,直至灰分放出显热后排出窑室(图5-4)。

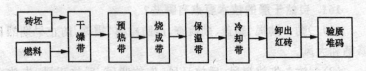

**图5-4 焙烧工艺流程图**

采用定型码坯、定量加煤、定时出砖的均热焙烧工艺,不用看火;用码砖密度控制进风量和焙烧周期,使窑内五带焙烧工况稳定,且能适应不同焙烧曲线的泥料,实现最佳焙烧曲线烧成,质量有保证(图 5-5)。

卸砖时,两葫芦同时起动将窑车提升,顶住砖后又将窑内全部砖一起顶升,至炉条离开炉条梁后,便将 4 根炉条一一抽出(图5-6)。此后窑车往下降约 4 层砖高度,再将炉条插入上一组的炉孔层内,继续下降至炉条重新承重。窑车上的 4 层砖再继续降到窑底,取掉葫芦上的挂钩后将窑车拉出窑外(图 5-7、图 5-8)。再观察外观和用石块敲击检质堆码。

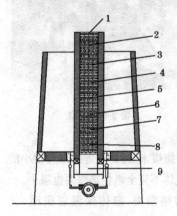

**图 5-5　焙烧原理**

1. 定型码坯 定量加煤　2. 干燥带
3. 预热带　4、5. 烧成带　6. 保温带
7. 冷却带　8. 红砖　9. 定时出砖

**图 5-6　抽炉条**

(4)节煤原理。砖坯与窑内烟气在相反方向上相对运动,焙烧砖坯的热烟气将上层砖坯预热、干燥后,排烟温度可降到 40℃左右(以不低于烟气的露点温度为限)。当冷空气流入窑内时,带走红砖

的显热,也可使红砖的温度大大降低(一般应在 60℃ 以下)。这样,降低了排烟热损失也降低了红砖和炉灰带走的湿热损失。煤在窑内停留时间长,供氧适量、均匀,固体不完全燃烧热损失也很小。

图 5-7 卸砖

图 5-8 出窑

由于主要采用无烟煤、贫煤、瘦煤、焦煤末、过炉炭等挥发分很小的煤种,在供氧充足和高温条件下燃烧,气体不完全燃烧热损失也很小。

连续生产,大大降低了窑体的蓄热损失,窑体保温层很厚,又减少了窑体散热损失。

特别是顺应自然规律,热烟气上升,不需要消耗动力去水平流动。窑内不用窑车,避免了隧道窑高达 15%～18% 的窑车热损失。各项热损失的减少,提高了窑的热效率。

**163. 码窑的技术要点有哪些?**

(1)砖坯的一般码法。

小立窑内按每次出砖量(一窑车)为一组,全窑可容 10 组砖坯(有时可增加为 12 组)。每组 4 层砖坯,每组中有正规层 3 层和一层"炉孔层",层中有 4 个槽形通孔,便于插入炉条(表 5-3)。砖坯均采用卧坯立码(即条面向下),层高 120mm 左右,每组 4 层高度 480mm 左右(图 5-9、图 5-10)。

**表 5-3　砖坯的码法**

| 名　称 | 每组层数 | 码　法 | 码砖数/块 | 层高/mm | 用　处 |
|---|---|---|---|---|---|
| 炉孔层 | 1 | 侧　单 | $4\times2+8\times3=32$ | 120 | 最常用 |
| | | 侧单中三 | $4\times2+8\times2+12=36$ | | 常　用 |
| | | 双　砖 | $8\times5=40$ | | |
| | | 双砖中三 | $8\times4+12=44$ | | |
| 正规层 | 3 | 12 块 | $12\times4=48$ | 120 | 烘窑用 |
| | | 13 块 | $13\times4=52$ | | 烘窑用 |
| | | 14 块 | $14\times4=56$ | | |
| | | 15 块 | $15\times4=60$ | | |
| | | 16 块 | $16\times4=64$ | | 最常用 |
| | | 17 块 | $17\times4=68$ | | |
| 灶孔层 | 6 | 眠砖 | $16\times5=80$ | 240 | 点火用 |

**图 5-9　节煤烧砖小立窑码窑法**

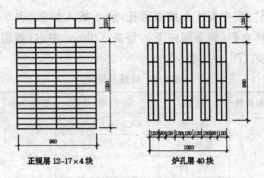

正规层 12~17×4块 炉孔层 40块

**图 5-9 节煤烧砖小立窑码窑法(续)**

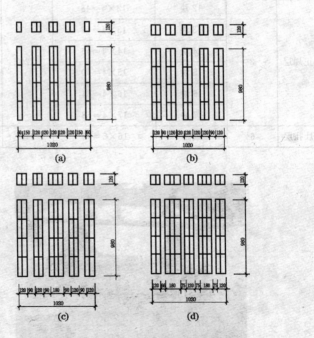

**图 5-10 节煤砖瓦小立窑炉孔层码法**

注:中间 4 条槽形通孔用于插入炉条

(a)单侧(32 块) (b)双砖(40 块) (c)双砖中三(44 块) (d)双砖二三(48 块)

(2)点火烘窑码法(图 5-11)。

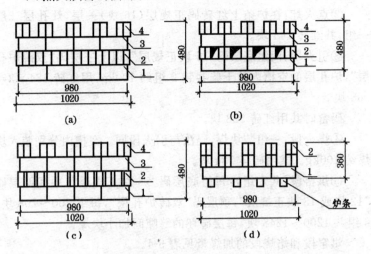

| | (a) | | (b) |
| | (c) | | (d) |

点火码窑各层用砖数　　　　　(单位:块)

| 段别 | 点火灶 | 引火段 | 烘窑段 | 焙烧段 |
|------|--------|--------|--------|--------|
| 1 层 | 16 块正规层 64 | 14～16 块正规 56～64 | 14～16 块正规层 56～64 | 14～16 块正规层 56～64 |
| 2 层 | 灶孔层 80 | 双砖炉孔层 40 | 12～13 块正规层 | 14～16 块正规层 56～64 |
| 3 层 | | 14～16 正规层 56～64 | 12～13 块正规层 | 14～16 块正规层 56～64 |
| 4 层 | | 双砖炉孔层 40 | 双砖炉孔层 40 | 双砖炉孔层 40 |
| 合计 (块/组) | 144 | 192～208 | 200～208 | 208～232 |
| 码窑组数 | 1 | 木柴 2.5 煤 1.5 | 6～8 | ∞ |

**图 5-11　节煤烧砖小立窑点火码窑法**

(a)焙烧段　(b)引火段　(c)烘窑段　(d)点火灶

①把 4 根炉条放在炉条梁上,使每根都分别在各排砖下的正

中位置。

②点火灶:在炉条上红砖码正规层(16块)一层,灶孔层二层一组,共红砖144块。

③引火段:两组底层码"16块正规层",以上三层码"双砖炉孔层",炉孔层的空槽内放干柴共装2组约100kg,用红砖184×2=368块。

码窑时共用红砖528块。

④煤火段:一组装块煤,码法与引火段同。空槽内分别装入块煤约100kg。共用砖坯184块。

⑤烘窑段(共6组):每组底层码"16块正规层",中间两层码"12块或13块正规层",顶层码"双砖炉孔层",每组200~208块,6组共1200~1248块,每层砖坯的缝隙间加小块煤。

烘窑段和焙烧段的加煤量见表5-4。

**表5-4　烘窑段和焙烧段加煤量**

| 煤发热量 | MJ/kg | 12.54 | 14.63 | 16.71 | 18.81 | 20.91 | 22.10 | 25.09 | 27.18 | 29.27 |
|---|---|---|---|---|---|---|---|---|---|---|
| | kcal/kg | 3000 | 3500 | 4000 | 4500 | 5000 | 5500 | 6000 | 6500 | 7000 |
| 黏土砖坯 | 克/块 | 278 | 240 | 210 | 188 | 168 | 152 | 140 | 128 | 120 |
| | 两/块 | 5.5 | 4.8 | 4.2 | 3.8 | 3.4 | 3.1 | 2.8 | 2.6 | 2.4 |
| 页岩砖坯 | 克/块 | 361 | 312 | 273 | 244 | 218 | 198 | 182 | 166 | 156 |
| | 两/块 | 7.2 | 6.2 | 5.5 | 4.9 | 4.4 | 4.0 | 3.6 | 3.3 | 3.1 |

无化验条件时,可用下式对无烟煤作简单的估算。

发热量$=8400-60×$水分$-90×$灰分 (kcal/kg)

式中的水分和灰分均采用百分含量的数量。

⑥焙烧段:开始出窑后即采用一般码窑法。三层"16块正规层"和一层"双砖炉孔层",并采用粒度在6mm以下的粉末煤。

**164. 焙烧的技术要点有哪些?**

(1)均热焙烧。码窑时,每组的4层砖坯中,必须有两层的砖大面紧贴窑壁,防止漏煤,以做到每组砖坯相对隔开,维持每组砖坯中燃料量稳定。

(2)点火。用易燃引火物将"灶孔层"的4个小孔同时点燃,待上层木柴完全着火后即完成点火操作。

(3)烘窑。点火后即进入烘窑工序,当窑内砖坯烧红到离窑口1m处用一根约1.5m长的铁丝,从窑口的角上插入,待数分钟后迅速抽出,检查其1m处见红或在窑内壁上做个记号,从上看见其见红时,即可开始出窑。

烘窑期间,窑体的水分变为水蒸气,由泄气孔向外喷泻,如发现窑顶地面上有水湿或冒气现象时,应及时在该处及周围用钢钎钻孔,引导排汽,以免发生窑墙被冲崩裂事故。窑体干透后才可在窑炉顶面上打混凝土面层。

(4)中点火。前面叙述的是常用的下点火。对于砖坯干强度不大时,砖坯不能码高,此时就应进行中点火。可用红砖先码到中部再按前述的方法依次码装引火段、煤火段和烘窑段,一直码到窑上口。在码红砖时就应留出几个孔,以便从引火段穿下几根浸油的布条,穿过下面的红砖段后露头到窑下。点火时同时点燃各油布条即可。

为了防止个别布条中途断火,可以在装窑时多加几根油布条,如果临时补油布条,可用圆钢条、竹棍或树枝将布条戳上去。火升至距窑上口1m处时开始出窑。仍按烘窑段的码窑法补够6组后,才开始按常规码法码焙烧段。

(5)上点火。若上次停火时窑内还留有一窑红砖,就可采用上点火。只需先卸出一组砖,即可从窑上口码引火段的点火灶。点火灶只码三层,底层为$16 \times 4 = 64$块红砖,另两层合为灶孔层,即码5排4层眠砖(共240mm高),形成4个灶孔槽。槽内放细木柴,点燃木柴后再加进大块木柴,形成底火后开始加块煤。当4个槽内着火块煤超过一半后,开始用砖坯码煤火段。码正规层一组,底层码 11×4＝44 块,另 2 层码 12×4＝48 块,92 块砖缝里全加块煤,炉孔层的槽内也加块煤,一定要块煤顶层也着火,顶面上有火苗冲出时才开始按前述的烘窑段码窑。也是卸一组红砖码一组砖坯。烘窑段码足 6 组后就完成了上点火,便可开始码焙烧段。由于窑体已经烘干,加煤量应减少 10％左右。

(6)临时灶底点火。小立窑发明伊始采用过在炉条下砌临时灶,从窑底下点火。为与下点火相区别,称为底点火(图 5-12)。

首先,专门砌临时灶点火,点完后又得撤除已很费事。其次是在窑室外燃烧,浪费燃料。特别是点火时容易将炉条烧变形,如果先直接在灶顶上码窑,待点完火后再插进炉条那不仅是麻烦,甚至容易造成事故。其实在炉条梁与窑拱之间有足够的空间码灶孔层可以方便地进行点火。所以底点火已被淘汰了。

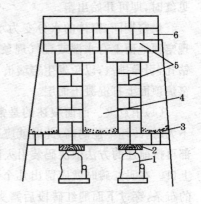

**图 5-12　临时点火灶**
1. 千斤顶　2. 垫板　3. 灰
4. 燃烧室　5. 红砖码的结构承重层
6. 红砖码的正规层

(7)调整煤耗。泥料因矿相组成不同,而有不同的烧成温度和焙烧热耗,可以通过生产性试验来确定焙烧工艺。烘窑时加入了过量的燃煤,随着窑体烘干后窑室温度逐渐升高,就会出现过烧现象,一旦发现砖上有熔泡、焦渣(焦花)及其他过烧特征露头,应立即减少加煤量。

减煤应采用跳跃式:开始减煤的一组猛降一半用煤量,过烧严重时,第一组可以完全不加煤,从第二组起再按原烘窑段减少 10％的数量加煤。再次过烧露头,再如此渐次递减,直至稳定时止。

燃煤应均匀地分布在砖缝内,先尽量撒布均匀,且应四周多加,中间少加,再用扫帚扫进砖缝(图5-13)。

**图5-13　加煤**

(8)调整焙烧周期。不同的泥料亦因矿相组成的不同而有不同的焙烧曲线和烧成周期。有的烧成时间竟有数倍之别。在调整煤耗时,可采用稀码或加粒煤来缩短出窑时间,用密码烧粉煤来延长焙烧时间,直至在最低煤耗下烧出成品率高的砖为止。

(9)内燃。内燃烧砖是在砖坯成型前将内燃料(粉碎后的煤、炉渣、煤矸石及粉煤灰等)加入泥料,减少或完全不用外燃煤的方法。

由于外燃煤减少,砖缝间透气好,可密码砖坯,以保证最佳烧成曲线。

窑内产生的窑灰可全部回收利用,兼有节约用煤和减少环境污染的作用,内燃烧砖还会减少或避免"花脸砖"的发生。

内燃烧砖成功的关键是加煤量应准确(图5-14),因为一组红砖仅200多块,如果某200多块砖坯超热,就会发生过烧现象;如果某200多块砖坯加煤不足,则会造成欠火。应把握好热值、计量和搅拌关,真正实现均热焙烧。

(a) (b)

**图 5-14　页岩制泥料**

(a)页岩加内燃煤　(b)页岩粉碎、加水搅拌成制砖泥料

（10）蹲火（封火）。临时断坯、断煤等特殊情况下，需暂时停止生产而又不熄火时，可采用两种方法蹲火：一是在窑上口码一层挤紧的红砖并用稀泥糊上，二是将窑下两拱门用纸糊严。

（11）熄火。停火时，窑上只加红砖，不加砖坯也不加煤，加进两组红砖后即可停止操作，任其自燃，燃烬后即可自行熄火。如果不加红砖，顶层的砖坯就烧不熟。

**165. 出窑的技术要点有哪些？**

出窑前先将两葫芦挂到两拱顶的挂环上，拉动手链，检查操作是否灵活，确认正常后钩上窑车往上提升，两人拉手链应同时保持拉下的链环数相等，以保持窑车平稳地同步上升。

放在窑车上的五根木枋垫将窑内红砖顶起后，抽出炉条，然后将窑车（也是将窑内全部砖坯）往下降，当上一组的炉孔层降到接近炉条梁处时，再将炉条插入炉孔层并继续往下降。炉条又重新承重后，炉条下的一组砖即与窑内砖脱离，窑车降到地面后取掉葫芦钩,将窑车拉出(参考图 5-6~图 5-8)。

出窑中途,当窑车下降 2 层砖(一组共 4 层砖)时,应先在窑上码两层砖坯再继续下降,以免窑口太深码窑困难。亦可先在窑顶加上两层砖坯后才开始出窑。

码砖完成后,再将窑车上出窑的砖进行验质、卸车、堆码。

**166. 质检和记录应注意什么?**

(1)验质。石块敲击有金属声响者为正品,外观主要检查超标裂纹砖和过烧变形砖。

其他指标一般应每季度或每次改变原、燃料时进行一次质量监督检查,主要检测标号,外观尺寸上的问题应自行及时排除。

(2)量砖卡尺。在现场用常规尺子测量砖的外观尺寸和外观质量时比较麻烦,何况其尺寸的误差范围也难以记全。我们根据生产条件设计了一种简单的量砖卡尺,只要将卡尺在砖上一挨就可知道外观指标合不合格(图 5-15)。但是为了简化起见,卡尺上未标出优等品的所有数据。

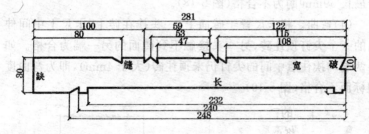

**图 5-15　量砖卡尺**

现对照示意图——说明各尺寸的量法:

①砖长度:将卡尺标有"长"字一侧置于砖大面或条面上,使卡尺小头端与顶面对齐(也可在卡尺端头上留一个类似钢卷尺头上的弯头,用弯头勾住顶面)。砖的长度不到短侧刻度边的(小于

232mm)为不合格;等于中间尖顶刻度的为标准尺寸(240mm);超过长侧刻度(小于248mm)为不合格(图5-16)。

②砖宽度:将卡尺标有"宽"字一侧置于砖大面或顶面上,使卡尺小头端与条面对齐(或用弯头勾在条面上)。小于短侧刻度(小于108mm)和大于长侧刻度(大于122mm)的为不合格。刚等于中间尖顶刻度的为标准尺寸(115mm)(图5-17)。

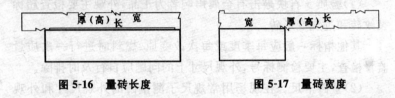

**图 5-16  量砖长度**　　　　　　**图 5-17  量砖宽度**

(3)砖高度。砖的高度习惯称厚度。测量时将卡尺标有"高"字的一侧置于砖条面或顶面上,使卡尺大头端与大面对齐,仍然是刚等于尖顶刻度的为标准尺寸(53mm),少于最短的47mm或多于最长59mm的为不合格(图5-18)。

(4)弯曲。将卡尺置于砖面上,一头挨在砖上,卡尺上中间伸出的一个尖钉顶住砖,另一头接触不到砖面的另一端为合格。如果两端均挨住后中间的尖钉仍未顶住砖(大于4mm),即为弯曲度超标而不合格(图5-19)。

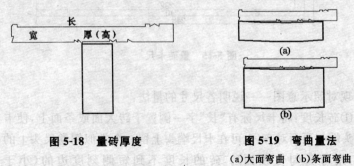

**图 5-18  量砖厚度**　　　　**图 5-19  弯曲量法**

　　　　　　　　　　　　　　(a)大面弯曲　(b)条面弯曲

(5)**缺棱掉角**。在一个角上三面的缺损长度都超过30mm(卡尺的大头端宽)的为不合格(图5-20)。

(6)**完整面**。一块砖最少应有一个条面和一个顶面是完整面。

完整面上如果裂纹宽度大于1mm时,其裂纹长度必须小于30mm,即卡尺大头的宽度,否则判为不完整面;两完整面上破损面不得同时大于10mm×10mm,即卡尺小头端侧面凸出的宽度(10mm),否则也判为不完整面。压陷、粘底、焦花在条或顶面上凹陷或凸出超过2mm,其区域尺寸同时大于10mm×10mm的也判为不完整面(图5-21)。

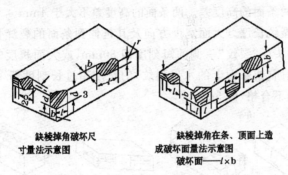

缺棱掉角破坏尺    缺棱掉角在条、顶面上造
寸量法示意图     成破坏面量法示意图
                破坏面——l×b

**图5-20 缺棱掉角量法**

*l*. 长度方向的投影量  *b*. 宽度方向的投影量  *d*. 厚度方向的投影量

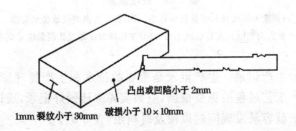

凸出或凹陷小于2mm

破损小于10×10mm

1mm裂纹小于30mm

**图5-21 完整面**

(7)杂质凸出高度。将卡尺标有"长"字的一侧贴在砖上,如有卡尺的一端不能接触砖,说明杂质凸出高度(大于 4mm)不合格(图5-22)。

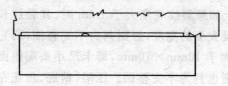

**图 5-22　杂质凸出高度小于 4mm**

(8)两条面的高度差。两条面的高度差不大于 4mm。

(9)裂纹长度。大面宽度方向及其延伸到条面的裂缝长度超过卡尺大头标"裂纹"一侧的短刻度即 80mm,或大面长度方向及延伸到顶面(或条面上的水平裂纹)的长度超过长刻度即 100mm 的裂纹为不合格(图 5-23)。

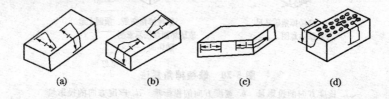

**图 5-23　裂纹量法**
(a)宽度方向裂纹长度量法示意图　(b)长度方向裂纹量法示意图
(c)水平方向裂纹长度量法示意图　(d)多孔砖裂纹通过孔洞量法示意图

(10)生产记录。生产记录是重要的技术和生产管理资料,是调整生产工艺过程的重要根据,应如实详细地做好记录,通过对数据的分析就容易发现问题以便及时纠正(表 5-5)。

厂方或技术推广与管理人员还应掌握各厂家基本情况。通过比较找出差距以便进行挖潜改进(表 5-6)。

### 表 5-5 小立窑生产记录

产品名称及其特点           年    月    日

| 时间<br>(点、分) | | 装窑 | | 红砖(块) | | | 备注 |
|---|---|---|---|---|---|---|---|
| | | 码坯<br>(块) | 加煤<br>(斤) | 正品 | 次品 | 废品 | |
| | | | | | | | |
| 累计 | 早班 | | | | | | |
| | 中班 | | | | | | |
| | 晚班 | | | | | | |
| | 全天 | | | | | | |

### 表 5-6 节煤小立窑厂家基本情况

厂名:               产品名称:

原料化学成分(%)

| $SiO_2$ | $Al_2O_3$ | $Fe_2O_3$ | $CaO$ | $MgO$ | $SO_3$ | $K_2O+Na_2O$ | 烧失量 |
|---|---|---|---|---|---|---|---|
| | | | | | | | |

砖坯情况

| 项目 | 湿坯 | 入窑砖坯 | 刚出窑红砖 | 堆场红砖 |
|---|---|---|---|---|
| 外形尺寸 | | | | |
| 重量 | | | | |

燃料工业分析

| 水分 | 灰分 | 挥发分 | 固定碳 | 硫 | 发热量 | 现场含水率 |
|---|---|---|---|---|---|---|
| | | | | | | |

砖机情况

| 生产厂 | 型号 | 泥缸直径 | 转速<br>(转/分) | 动力<br>(千瓦) | 生产率<br>(块/小时) |
|---|---|---|---|---|---|
| | | | | | |

**续表 5-6**

| 建窑情况 | | | | | | | |
|---|---|---|---|---|---|---|---|
| 建窑<br>(门) | 投产<br>(门) | 窑容<br>(组) | 出窑间隔<br>(小时) | 出窑次数<br>(次/天) | 日产<br>(块) | 月产<br>(块) | 年产<br>(块) |
| | | | | | | | |

| 产品比较 | | | | | |
|---|---|---|---|---|---|
| 窑 型 | 标号 | 正品率<br>(%) | 煤 耗<br>(两/块) | 出厂价<br>(分/块) | 备 注 |
| 小立窑 | | | | | |
| 土 窑 | | | | | |
| 大 窑 | | | | | |

## 167. 节能小立窑初期生产试验情况如何？

(1)试验目的。检验小立窑烧砖是否能达到应有的经济技术指标,提供技术评价的依据。

(2)试验条件。

①泥料化学分析(表 5-7):

**表 5-7　泥料化学分析**

| 试验地址 | | 南安乡兰坝联办砖厂 | 木城节煤窑砖厂 |
|---|---|---|---|
| 生产时间 | | 1986.1—1986.5 | 1985.7—1986.5 |
| 原　料 | | 页 岩 | 黏 土 |
| 泥料化学分析(%) | 烧失量 | 10.28 | 7.09 |
| | $SiO_2$ | 60.19 | 65.57 |
| | $Fe_2O_3$ | 4.05 | 6.44 |
| | $Al_2O_3$ | 9.74 | 13.06 |
| | CaO | 8.52 | 0.99 |
| | MgO | 2.79 | 2.14 |
| | 其他 | 4.43 | 4.71 |

②试验用煤为夹江县华头乡煤矿产的贫煤，工业分析数据见表 5-8：

**表 5-8　工业分析数据**

| 成分 | $M_{ad}$ | $V_{dar}$ | $A_ad$ | $FC_ad$ | $SO_3$ | $Q_{ad}/MJ/kg$ |
|------|------|------|------|------|------|------|
| % | 1.11 | 12.10 | 28.51 | 60.96 | 0.39 | 24.22 |

现场实测外水含量为 4.5%。

应用煤发热量为：5502.7(kcal/kg)＝23MJ/kg

(3)实验数据(表 5-9)。

**表 5-9　实验数据**

| 地　点 | 兰坝联办砖厂 | 木城节煤窑砖厂 |
|------|------|------|
| 泥料 | 页岩 | 黏土 |
| 入窑坯重 | 3kg | 2.75 kg |
| 内燃煤 | 80g | 无 |
| 成品砖重 | 2.45kg | 2.25 kg |
| 外形尺寸 | 240×115×51 | 240×114×50 |
| 砖坯含水(%) | 9 | 7.7 |

(4)装窑、出窑情况(表 5-10)。

**表 5-10　装窑、出窑情况**

| 地点 | | | | | | | | | |
|------|------|------|------|------|------|------|------|------|------|
| | 兰坝联办砖厂 | | | | 木城节煤窑砖厂 | | | | |
| 项目 | 时间 | 进坯 | 加煤(斤) | 正品 | 废次品 | 时间 | 进坯 | 加煤(斤) | 正品 | 废次品 |
| 实烧记录 | 1：40 | 228 | 18 | 228 | | 7：30 | 240 | 36 | 235 | 5 |
| | 3：30 | 228 | 18 | 228 | | 9：00 | 240 | 36 | 237 | 3 |
| | 5：10 | 228 | 18 | 228 | | 10：30 | 240 | 36 | 233 | 7 |
| | 7：00 | 228 | 18 | 228 | | 12：00 | 240 | 36 | 235 | 5 |

续表 5-10

| 地点 | 兰坝联办砖厂 | | | | | 木城节煤窑砖厂 | | | | |
|---|---|---|---|---|---|---|---|---|---|---|
| 项目 | 时间 | 进坯 | 加煤(斤) | 正品 | 废次品 | 时间 | 进坯 | 加煤(斤) | 正品 | 废次品 |
| 实烧记录 | 8：50 | 228 | 18 | 228 | | 1：30 | 240 | 36 | 230 | 10 |
| | 10：40 | 228 | 18 | 228 | | 7：30 | 240 | 36 | 237 | 3 |
| | 12：20 | 228 | 18 | 228 | | 9：00 | 240 | 36 | 235 | 5 |
| | 14：20 | 228 | 18 | 228 | | 10：30 | 240 | 36 | 236 | 4 |
| | 16：30 | 228 | 18 | 228 | | 12：00 | 240 | 36 | 236 | 4 |
| | 18：40 | 228 | 18 | 227 | 1 | 13：30 | 240 | 36 | 236 | 4 |
| | 20：30 | 228 | 17 | 228 | | 15：00 | 240 | 36 | 227 | 13 |
| | 22：30 | 228 | 17 | 228 | | 16：00 | 240 | 36 | 224 | 16 |
| | 24：15 | 228 | 16 | 228 | | 17：30 | 240 | 36 | 234 | 6 |
| | | | | | | 19：00 | 240 | 36 | 234 | 6 |
| | | | | | | 20：00 | 240 | 36 | 240 | 0 |
| | | | | | | 22：00 | 240 | 36 | 236 | 4 |
| 平均 | 1.50′ | 228 | 17.7 | 228 | | 1.30 | 240 | 36 | 234 | 6 |
| 合计 | 13次 | 2964 | 230 | 2963 | 1 | 16次 | 3840 | 576 | 3741 | 99 |
| 正品率 | 99.97% | | | | | 97.4% | | | | |
| 煤耗 | 119g/块 | | | | | 75g/块 | | | | |
| 折标煤 | 93.55g/块 | | | | | 59g/块 | | | | |
| 热耗 | 655千卡(2737kJ/块) | | | | | 413千卡(1725kJ/块) | | | | |

(5)产品质量检验。产品经四川省乐山市砖瓦产品质量监督检验站检验,检验结果见表5-11。

**表 5-11 产品质量检验结果**

| 项 目 | | 单 位 | 页岩砖 | 黏土砖 | 国家标准 | |
|---|---|---|---|---|---|---|
| 抗压强度 | 五块平均值 | N/cm² | 2806 | 2266 | 1962 | 1472 |
| | 单块最小值 | N/cm² | 2029 | 1866 | 1373 | 981 |
| 抗折强度 | 五块平均值 | N/cm² | 487 | 307 | 392 | 304 |
| | 单块最小值 | N/cm² | 407 | 240 | 225 | 196 |
| 结 论 | | | 200 号 | 150 号 | 200 号 | 150 号 |

**168. 砖缺陷如何消除？**

(1)大裂缝或半截砖。因入窑砖坯水分含量过大或预热带温度过高。应尽可能干燥砖坯并加快出两组砖,使火层下降。还可改用内燃烧砖,可缓减裂缝程度。

如果是火层太矮使生坯负重太大,也可能引起砖坯不堪重负而断裂。一方面升高火头(延时出窑让火上升),还应避免砖坯宽度不一造成码坯层面不平,受力不匀而断裂。

(2)螺旋裂缝。螺旋纹系成型时造成。应在成型时采用加瘠化料,降低含水率和减少挤出机泥缸与绞刀的间隙,采用不连续绞刀、加横插棒等办法消除螺旋纹。干坯入窑也是防止螺旋纹恶化的有效措施。

(3)发状裂纹。冷却过急造成。应延长出窑时间或提高火层,让红砖冷却后再出窑。

(4)一般裂纹。主要因砖坯含水率稍高、干燥时淋雨、返潮、入窑后结露等加之升温过急造成。除应坚持干坯入窑外,还应降低火层高度。

(5)石灰爆裂。泥料中含有石灰石颗粒造成。应使石灰石细碎(不大于 2mm),并适当提高烧成温度将石灰烧礓。

(6)哑音。晾坯埂底层砖坯反复受潮,窑内排烟温度过低造成凝露现象等造成。应将晾坯埂铺底砖漏空,焙烧时提高火层高度和干坯入窑;局部热量不够造成欠火也成哑音砖,应注意四边多加煤、加均匀;裂纹砖也会哑音。

(7)面包砖。升温太快或加煤过多,使表层迅速玻化,中部继续反应产生的气体无法外溢而鼓包。应降低配煤或降低火层、低温慢烧。

(8)花脸砖。码坯时砖坯挤太紧,加之煤灰堵住不能充分氧化而造成,应保持砖缝间通风。

由于窑内砖坯在持续地移动,又通风良好,故小立窑中一般不会出压花砖和黑头砖。

(9)泛霜。砖堆放一段时间后表面出现一层白色沉积物,俗称起霜,系原料中含硫酸盐和碳酸盐又含钾、钠等所致。可调整泥料成分、增加泥料细度和延长焙烧时间。已出窑的砖可用水浸泡数天后再出厂。

(10)砖坯含水率高了除造成产品缺陷外,还造成热量损失,所以应尽量让砖坯干燥。一块砖坯含水率及其增加的热耗见表5-12。

**表5-12  一块砖坯含水率及其增加的热耗**

| 项目 | 单位 | 含水率(%) 1 | 2 | 3 | 4 | 5 | 6 | 7 | 8 | 9 | 10 |
|---|---|---|---|---|---|---|---|---|---|---|---|
| 需脱水量 | 克 | 30 | 60 | 90 | 120 | 150 | 180 | 210 | 240 | 270 | 300 |
| 需耗热 | 千焦 | 75 | 150 | 226 | 301 | 376 | 451 | 506 | 602 | 677 | 752 |
| | 千卡 | 18 | 36 | 54 | 72 | 90 | 108 | 121 | 144 | 162 | 180 |
| 折标煤 | 克 | 3 | 5 | 8 | 10 | 13 | 15 | 18 | 21 | 23 | 26 |
| 折商品煤 | 两 | 0.1 | 0.1 | 0.2 | 0.3 | 0.4 | 0.4 | 0.5 | 0.6 | 0.6 | 0.7 |

注:商品煤按发热量按 20.91MJ/kg(5000kcal/kg)计。

## 5.2 砖瓦混烧

**169. 砖瓦混烧有哪些技术要点？**

烧砖生产正常后即可进行砖瓦混烧。瓦与砖的泥料成分相同，焙烧原理也一样。泥料一般较砖坯稍细、厚度较薄，又使其具有影响操作的几个特点：

容易开裂：强度低，不能承重；上火快，容易烧透，也容易过烧。焙烧时间一般与烧砖基本相同，以砖瓦皆熟为度。砖瓦混烧时，窑壁的垂直平整度和两台葫芦的升降同步程度都很重要，否则破损率高。

(1)瓦坯越干越好，入窑水分必须小于 6%。

(2)用砖坯承重。在由砖坯码成的空槽中码瓦坯，两侧剩余有空隙时，应加砖坯填充。

(3)除瓦坯尽量密码外，还要靠底层砖坯密度来控制上火速度。

(4)加煤量按重量折合成砖坯数量，再按砖坯加煤量计算。

(5)定量加煤，加匀和定时出窑，比单独烧砖要求严格。

**170. 砖瓦混烧的码窑方法有哪些？**

砖坯只需两种码法：正规层和炉孔层。每组（一窑车）的底层用 $16 \times 4$、$17 \times 4$、$18 \times 4$ 正规层码法，用密码防止上火速度太快；烧瓦层采用"侧单中双"炉孔层码法，层数由两个瓦片长度加炉条孔的高度来决定，一般为 4 层或者 4 层半（半层即码一眠砖）。

各层外侧砖坯的大面都要贴紧窑壁。

两层瓦坯也立码，每层码小弧瓦 5 垛左右，大小头间隔码（一垛小头向上，相邻一垛大头向上），瓦坯不能接触窑壁，瓦坯要相互挨紧，如果瓦垛与窑壁之间的空隙不足以插进砖坯时，可生产一些薄砖坯来配合（图 5-24）。

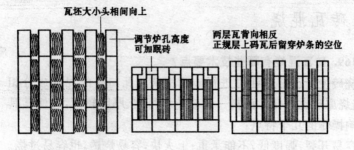

图 5-24　砖瓦混码

# 5.3 多孔砖生产

**171. 什么是多孔砖？**

在常见的红砖上开有多个孔洞的砖即为多孔砖。为了与之相区别,常见的烧结普通砖也就称为实心砖了。砖的分类见表 5-13,多孔砖的尺寸见表 5-14、表 5-15。

表 5-13　砖按孔洞率的分类

| 名　　称 | 实心砖 | 多孔砖 | 空心砖 |
|---|---|---|---|
| 孔洞率(%) | 0~24 | 25~40 | ≥40 |

表 5-14　多孔砖的外观尺寸　　　　(单位:mm)

| 长 | 宽 | 厚(高) |
|---|---|---|
| 290、240 | 190、180、175、140、115 | 90 |

表 5-15　多孔砖的孔洞尺寸　　　　(单位:mm)

| 圆孔直径 | 非圆孔内切圆直径 | 手抓孔 |
|---|---|---|
| ≤22 | ≤15 | (30~40)×(75~85) |

小立窑砖厂生产的多孔砖尺寸多为 240mm × 115mm × 90mm,其大面尺寸与实心砖相同,仅厚度接近实心标准砖的两倍,所以俗称双砖。其开孔形式一般有两种规格,一种是全部为一种尺寸的圆形孔呈有序的交错排列;另一种是在中部开有一个便于工人操作的手抓孔。

### 172. 多孔砖有哪些优点?

黏土原料越来越少,国家明令禁止毁田制砖,还规定城市和土地紧缺地区禁止使用黏土实心砖。除了改产页岩砖、煤矸石砖、粉煤灰砖及其在黏土原料中加入 30% 以上的如无机垃圾等固体废渣外,生产多孔砖和空心砖是更直接的节约黏土原料的有效手段。但多孔砖的优点还远不止于此,生产多孔砖不仅节约 25%～40% 的黏土原料,还节约相应的焙烧燃料;生产多孔砖可以消除 S 形纹和螺旋纹;多孔砖容易烧透,可以提高质量和增加产量,所以能降低生产成本。多孔砖用于墙体时可以提高砌筑工效,减轻墙体自重,降低基础造价,这也是显而易见的。还有多孔砖可以降低墙体的导热系数和隔声性能,可以提高建筑节能指标和居住的舒适度。

### 173. 小立窑砖厂生产多孔砖难度大吗?

小立窑砖厂生产多孔砖不需增添设备,只需在砖机的机口里装一组用于给砖坯开孔的芯具,并将切坯台上切割泥条的钢丝间距调到多孔砖的厚度尺寸即可。

一般来说,制砖黏土、页岩、煤矸石及粉煤灰等泥料均可制多孔砖。当然,由于机口里芯具的安装增加了泥流前进的阻力;多孔砖孔洞壁薄,如果泥料塑性指数太高,可能产生裂纹,塑性指数大于 15 时应加瘠化料(最好是加固体废渣或砂子)。这些使砖机所需要的功率增大。另外,成型水分不宜过多,否则容易变形。

### 174. 芯具造孔原理是什么?

生产多孔砖的芯具固定在一块方框形的钢板上,其内框的矩形尺寸与机口进泥端相同,将此安有芯具的钢板置于机头与机口之间,原挤砖机就成了多孔砖挤出机了(图 5-25)。

像常规挤出式制砖机一样,泥料经螺旋挤入机头,在机头里挤紧并变成长方形泥流,当泥料被芯架割开后在芯杆段又合拢,再经芯头又被挤紧并形成芯头大的孔洞。被挤出离开机口的即为有孔洞的泥条,再按常规在切坯台上切割成砖坯即成多孔砖坯。

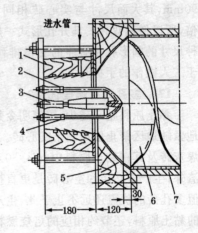

**图 5-25 芯具总装图**
1. 机口 2. 芯杆 3. 芯头
4. 芯架 5. 机头 6. 螺旋 7. 泥缸

**175. 怎么制作芯具? 芯具的安装和使用要注意什么?**

(1)生产多孔砖的芯具由芯头、芯杆和芯架组成。芯头是孔洞形成的关键,但芯头要靠芯杆支撑,芯杆则靠芯架定位。芯具安装在离螺旋绞刀轴约 3cm 与另一端至机口的出口之间。

常规的芯具是将芯杆固定在类似于飞机翅膀的流线型芯架(又称刀架)上,芯架又固定在机头与机口之间。制作和安装稍嫌复杂,而且芯架下部泥料被割开后的重新愈合的长度也稍嫌不足。对小砖机而言,可以采用横棒直接插在机头上的方式安装芯具就很简便了。

试制多孔砖可先试制开孔面积稍小的孔型。虽然从严格上讲,因为孔洞率小于 25% 不算多孔砖,但毕竟有一定的节能节土作用。

最常见的三孔双砖,其孔洞率仅为 15% 左右,仍属实心砖的范畴。其开孔形式是在中间开一个手抓孔,两端再各开一个小圆孔。其芯架仅用一根 Φ12 圆钢在上面钻三个孔即可。具体做法是:取一根比机头外直径长的 Φ12 圆钢,两头车上螺纹以便在穿过机头上约距绞刀轴头 3cm 处伸出机头外,用螺帽固定在机头上。圆钢的正中及距中心约 8cm 的两侧共钻三个孔并攻成 M6 螺母纹,以供上丝杆用(图 5-26)。

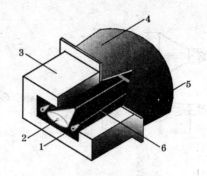

另取三根 Φ8～10 圆钢作芯杆,长度等于从机口至已固定在机头上的芯架的长度,两头均做成 M6 的螺纹,以能旋进芯架的 M6 螺母孔内为准。芯杆的另一头穿上芯头并用螺母固定即成。

**图 5-26　三孔砖芯具安装图**

1、2. 芯头　3. 机口
4. 机头　5. 芯架伸出头　6. 芯杆

芯头可用硬杂木做成,表面钉上铁皮更好。也可用铸铁或钢材加工制成,购买现存的陶瓷芯头则更方便。芯头呈一个圆锥体,中间有能穿过 Φ6 芯杆的孔,小头向里,大头向外。其大头末端有 3～5mm 长,无锥度,以防砖坯孔洞变形。但不能太长,否则可能造成孔壁不光滑。手抓孔的芯头上在芯架的中间,两侧上圆芯头(图 5-27)。芯具的芯头排列应左右对称,使泥流速度一样。为防止中间泥料走得快,中间的芯头可长一些或其小头加大一点以增加阻力。必要时还可在芯杆上套一截钢管,也可增加阻力。

另一种多圆孔砖可以是符合开孔率大于 25% 的多孔砖。其制作材料和方法与三孔砖芯具相同,按图制作即可(图 5-28)。

(2)在砖机机头两侧相当于距绞刀轴 3cm 左右位置上,各钻一个能穿过 Φ12 芯架的孔,先将芯架穿上并用螺母固定在机头上,然后再上芯杆和芯头。为了防止芯架转动,可先在芯架端钻上一个径向小孔,插入一根 Φ4 圆钢条,圆钢条的另一端则先做成一个 90°的弯头,将此弯头插入机头上相应位置的孔内即可。

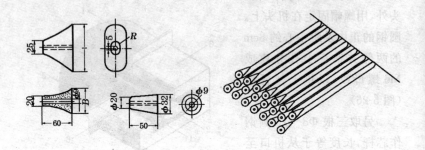

图 5-27　芯　头　　　　图 5-28　多孔砖芯具

　　为了防止泥流刚挤出时不整齐而造成芯头的位置移位,可在开机前先用泥堵在机口上,将芯头的位置固定。或用一块能镶入机口并开有各芯头位置的孔洞的木板,将木板套上后即将芯头位置固定。

**176. 生产多孔砖常见问题该怎么解决?**

　　多孔砖的孔洞使得传热和受风容易通透,干燥和焙烧速度会加快,但要注意避免受热、受风太快和局部受热不匀,需加强管理。

　　制砖泥料水分偏少或有杂物容易造成孔洞裂纹,水分太多容易造成孔洞变形,甚至泥条坍下;挤出的泥条中间开花向四周翻卷,是中间走泥太快,泥条中间凹陷是泥条周围走得快,这些都需要调整芯具的局部阻力。将芯头加长,芯头的小端加粗,芯杆加粗(或套上钢管)可以降低泥条走速,反之,将芯头往里缩进一些(缩短芯杆)、芯头的小端减小等,可以减少走泥阻力,泥条走速加快。

　　孔洞内起鱼鳞节裂,是芯头表面阻力不平衡、芯杆偏心、芯头缩进太多或局部泥料含水率太小等造成,需逐一进行调整。

# 5.4 页岩、煤矸石和粉煤灰制砖

### 177. 页岩为什么能制砖?

页岩的化学成分与黏土基本相同,实际上就是一种黏土矿石。在自然界,页岩经风化后逐步变为"石谷"(小碎粒),再进一步风化即成黏土。用页岩制砖相当于要在短时间内完成自然界漫长的风化过程,需要粉碎后加水拌成泥。

页岩制砖一般水分少、干燥敏感系数小、干燥线收缩小,干燥速度快而不易开裂,所以是一种良好的制砖原料。

### 178. 哪些煤矸石能制砖?

煤矸石有泥质矸石和砂质矸石之分,其硬度、化学成分等有较大的差别。特别是含碳量不同而发热量差异有数倍之多,应分别对待。

砂岩煤矸石粉碎后加水也没有可塑性,一般只作内燃料加入黏土或页岩中制砖。泥质煤矸石粉碎后可像页岩一样直接成型。但应注意:化学成分要符合黏土制砖的要求,尤其是发热量最好按批量(其外观、颜色、质地相近)进行化验,避免欠火或过烧现象的出现。硬度太大粉碎困难的,耗电量大、机械磨损严重,应以加工成本进行综合考虑。难以进一步粉碎的,可将 3mm 左右的细颗粒作为内燃料掺进制砖泥料中使用。发热量高的还可作外燃料使用。

### 179. 页岩和煤矸石制砖应增添哪些设备?

首先应将大块岩石破碎,在大型砖瓦厂采用颚式破碎机,小立窑砖厂则可用人力砸碎到粉碎机允许的进料粒度(一般为 30～50mm)。其次需增加一台粉碎机,较常用的有锤式粉碎机及笼式粉碎机、反击式粉碎机及对辊粉碎机等。只要能粉碎出符合制砖的颗粒组成要求即可。

粉碎后的干料加水困陈(即俗称闷料)数日,至充分浸透水为度,即成为制砖泥料。如需粉碎后立即使用时,除适当增加干料细度外还需增添一台边加水边搅拌的搅拌机,最常用的为双轴搅拌机。

**180. 粉煤灰制砖与页岩和煤矸石有何区别?**

粉煤灰是火力发电厂煤粉炉排出的燃煤废渣,亦即燃煤的灰分。除了含有一些残碳外,其无机物与黏土物质化学成分基本相同。与页岩和煤矸石相比,不需要再进行粉碎,可以直接采用。特别是其含碳量比较稳定,发热量波动不大,比煤矸石更方便使用。但粉煤灰的黏土矿物成分已经焙烧失去了可塑性,不能进行全粉煤灰制砖。只能掺入黏土、页岩或煤矸石后作制砖原料。当然,也可以用水玻璃等作粘结剂将粉煤灰成型后,提高烧成温度将其烧结。但成本高,不适合农村采用。

黏土、页岩、煤矸石和粉煤灰已成为制砖的常规黏土质原料。这些原料相互掺配时,首先是控制砖坯的内燃发热量,避免超热掺配;其次是保证塑性指数应大于7。一般来说,低发热量的原料宜与高塑性原料掺配;塑性指数越高掺入量越多。反之,高发热量的原料可与低塑性原料掺配。

页岩、煤矸石、粉煤灰砖坯干燥快、干燥破损率低,焙烧时要及时发现欠火和焦花现象,并及时增减外燃煤,即可烧出优质的烧结砖。

节煤小立窑烧砖质量管理规程见附录6。

# 第6章 节柴与烟煤小立窑

## 6.1 外置燃烧室

**181. 节柴(烟煤)窑与常用节煤窑有什么区别？**

前面我们以应用最广泛的节煤小立窑为例,全面论述了小立窑的共性技术,本章讨论节柴窑与其不同之处。

前面提的"节煤小立窑"只限于以无烟煤、贫煤、瘦煤、焦炭末及过炉炭等在小立窑内基本不产生黑烟的燃料,未涉及烧"烟煤"的问题。而贫煤和瘦煤也划分在烟煤一大类煤种中,所以这里用的"烟煤"代表挥发分产率高,是燃烧时容易产生黑烟的煤种,而不是指严格的科学分类的烟煤。

挥发分高的燃料不仅燃烧时容易产生黑烟,需要专门的技术消烟,而且烟煤在205℃、生物质燃料在162℃就开始热分解释放出以甲烷为主的挥发分,此时窑内的温度不足以将其点燃,挥发分就只能随烟气排入大气。而天然气的主要成分甲烷($CH_4$)是一种比二氧化碳($CO_2$)的温室效应还要高20倍的温室效应气体,所以在砖瓦窑中将高挥发分燃料作内燃或作码窑时就加入的外燃料,既浪费能源又污染环境。为此又研究出"外置燃烧小立窑",俗称节柴小立窑或节约烟煤小立窑。

节柴(烟煤)小立窑是让高挥发分燃料先在外置燃烧室内燃烧后,再把火焰引入窑内烧砖。与前述"节煤小立窑"无论内外燃都是在窑内燃烧的工况而言,均不相同。

### 182. 什么是外置燃烧小立窑？

节柴(烟煤)小立窑称为外置燃烧小立窑，其窑体、窑室结构与常用的"节煤小立窑"都一样，仅在原保温层位置增设了一个外置燃烧室(图 6-1)，专用于高挥发分燃料的燃烧，只让火焰进窑室烧砖。而常用的"节煤小立窑"是将燃料加在砖缝里，直接在窑室内燃烧。

图 6-1　节柴窑外貌

常用的"节煤小立窑"是从窑下口进风，由窑上口排烟。而外置燃烧小立窑的理想状态是：空气虽从窑下口进入，但在冷却带吸收了红砖的显热后就被引出窑室，靠燃烧室的负压吸入炉膛参与燃料的燃烧。燃烧火焰喷入烧成带烧砖，烧砖后的烟气对砖坯放热后再从预热带顶层排出，只有少量的烟气从窑上口"漏出"(图 6-2、图 6-3)。

由于空气改从窑室壁上开口进入，常规燃烧室炉排下向外开的风门就只有掏灰用了，不掏灰时就应关上不让其漏风。外置燃烧室开有两个炉门用于加柴，主要为方便于下加柴以便进行反烧，而其上面有两个看火推灰口，平时也应关严，最好是完全不漏风。

### 183. 烟道该怎么设置？

为了顺利地将火焰引入窑室，除了增加燃烧室的高度，使其喷火处的正压值提高，形成一个"压入"的趋势外，还应设置烟囱，形成窑室内的负压，有将火焰拉入窑室的作用。所以应设置烟囱。

最简单的办法是紧挨窑室建一座与窑室宽度相同的烟囱，窑壁上的四个排烟口可以同时同量流入烟囱，不会造成窑内火力不均匀现象。但这种做法一方面是由于烟囱占据了窑口上一方的操作空间,而且也显得粗大笨拙。

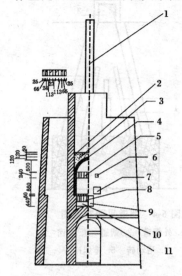

图 6-2　节柴(烟煤)小立窑正面图

1. 烟囱　2. 混凝土　3. 保温层
4. 耐火拱　5. 喷火口　6. 看火推灰孔
7. 炉门　8. 进风口　9. 灰门
10. 灰坑　11. 烧火台

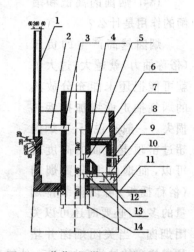

图 6-3　节柴(烟煤)小立窑侧立面图

1. 烟囱　2. 烟道　3. 排烟口
4. 膨胀缝　5. 耐火拱　6. 喷火口
7. 外置燃烧室　8. 看火推灰孔　9. 炉门
10. 灰门　11. 烧火台　12. 炉排
13. 进风口　14. 炉条梁

　　其实可以在窑体平面上布置逐渐收小的梯形组合烟道,将烟囱建在小立窑的外墙上,其两外侧烟道可做得宽一点,两内烟道做得窄一点,以调节四条烟道中两外侧偏长阻力相应增加而造成了排烟量不足(图 6-4)。

　　在一个地区初次建窑时,可在挨近烟囱处设置一个烟道调节口,需调整烟道宽度时揭开盖板即可。烟道宽窄的布置是否合理,以烧成红砖的质量为判断标准,发现有质量差别时,可将过烧部位对应的烟道收窄,欠火部位对应的烟道扩大即成。一座窑调准后,在该地区都使用该尺寸就不需要再调了。

**184. 烟囱的高低和烟闸的作用是什么?**

烟囱越高产生的负压(俗称抽力)就越大,过大了就可能把还未能充分放热的烟气抽走而增加排烟热损失。一般来说,只要烟囱超过窑顶上屋面的高度就可以,而烟囱上设置烟闸(俗称插板)可以调节排烟量的多少,必要时还可以关闭烟囱。当关闭烟囱并堵

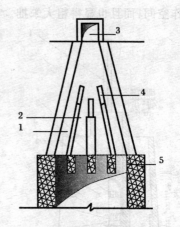

**图 6-4　烟道平面布置图**
1. 外烟道　2. 烟道　3. 烟囱
4. 活动砖　5. 排烟口

住燃烧室的炉排和炉门后,外置燃烧小立窑就可变成直接在窑内燃烧的常用节煤小立窑。

# 6.2 烟煤和生物质的无黑烟燃烧

**185. 木柴、烟煤和秸秆的燃烧有什么不同?**

木柴粒度大,木柴块之间的间隙较大,燃料层阻力小,而烟煤和秸秆粒度较小,燃料层阻力大。较之木柴便需要更大的炉排通风面积。

如果一座窑需要烧用多种燃料时,可以准备不同通风面积的炉排(亦可用燃料层高度来调节)。

烧木柴等硬柴的炉排缝隙宽度(通风缝)为 5mm 左右,烧烟煤和秸秆等软柴的炉排缝隙宽度为 20mm 左右,以红炭不漏出为准。

## 186. 完全燃烧和气化燃烧有何区别？

一般情况下,外置燃烧室内的燃烧工况都是按完全燃烧进行设计的,同时该燃烧室还可以进行气化(煤气)和半气化燃烧。

所谓完全燃烧工况,就是供应足够的空气(实际上是空气中的氧气参与燃烧),让燃料可能实现完全燃烧。而所谓气化就是只供给少量的空气,让燃料只进行不完全燃烧,以其热量加热燃料让其热解释放出全部挥发分,并使燃料中的碳只生成一氧化碳($CO$)而不是二氧化碳($CO_2$),便可生成一种燃料气体"煤气或木煤气",再将煤气送入窑室内砖坯缝隙中进行二次燃烧。介于两者之间的为半气化燃烧。

调节燃料层的高度可以增减燃料层的阻力,从而增加和减少空气的进入量,便可实现不同工况的燃烧(表 6-1)。

表 6-1　燃料层高度

| 燃烧工况 | 完全燃烧 | 半气化 | 气　化 |
|---|---|---|---|
| 燃料层高度(mm) | 50~300 | 300~600 | 600~1000 |
| 相当于燃料平均粒度的倍数 | 3~8 | 8~15 | 15~20 |

## 187. 无黑烟燃烧的原理是什么？

在完全燃烧工况下,如果局部的燃料不能与空气接触或接触量不足,炉内温度不高或没有足够的燃烧空间和时间,就会产生不完全燃烧工况。燃料中的挥发分不完全燃烧产生二次热解,就有黑烟产生。

将新燃料加在燃料层顶面上进行常规燃烧,即正烧(图 6-5a)时,燃料受热分解释放出挥发分便直接进入炉膛空间。但炉膛空间的空气是从炉排缝进入炉膛,在燃料层已参与燃烧大量消耗氧气后剩下的贫氧空气。再则,炉膛空间又缺乏搅拌设施,因而不能同时保证高温、足氧、充分混合、足够的燃烧空间与时间等缺一不可的要素,冒黑烟就不可避免。

采用反烧法(图 6-5b)时,将新燃料加在燃料层下面。当其受到上层传来的热量产生热解释出数量不大的挥发分,便与从炉排缝进入的新鲜空气一起要穿过燃料层后才能进入炉膛空间。当在燃料层中燃料块之间的缝隙里穿行时,在燃料块之间不规则的间隙中不断碰撞、改向、变速,使挥发分与新鲜空气得到了充分的搅拌,又延长了燃烧时间,而燃料层又当然是炉膛里燃烧温度最高的地方,所以挥发分就很容易实现完全燃烧而不产生黑烟。

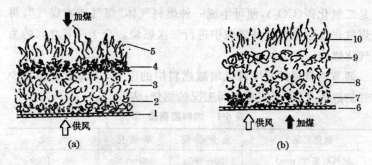

图 6-5  正烧与反烧原理图

(a)正烧  (b)反烧

1、6. 炉排  2、9. 灰渣层  3、8. 红炭层

4、7. 新煤层  5. 火焰带黑烟  10. 明亮火焰

### 188. 如何进行无黑烟燃烧?

进行无黑烟燃烧的关键是如何将新燃料加到燃料层下面。有人用过螺旋输送燃煤机,将新燃料从炉膛底部顶入,这种方法对燃料的挥发分产率、粘接性、结焦性、粒度等有较高的要求;有人改用半机械化抽板顶升机,将其推到炉膛下时抽去炉膛底板,用人力将活塞顶起,便将新煤顶入炉膛。再插还底板,将顶升机拉出再装上煤即可进行下一次加煤操作。这两种方法不仅造价高、操作麻烦、择煤种而且无电即不可用。显然不适合在小立窑上使用。

其实,小立窑的下加煤(柴)方法很简单。只需将撬耙从燃料层下部水平插入,再把撬耙的把手撬起并挂在炉门上沿处,然后按下把手,炉膛内的燃料层下部即被撬出一个空间,迅速加进新煤(柴)再水平抽出撬耙,即完成一次加燃料操作。用此法只需在小立窑外置燃烧室炉膛宽度上安两个约 300mm×300mm 的炉门配一把撬耙就行了(图6-6)。

### 189. 外置燃烧小立窑点火初期如何变看火为按时出窑?

点火前,窑内对应于外置燃烧室喷火口下沿以下码红砖,以上码砖坯。码完窑便可将外置燃烧室点燃。燃烧火焰便进入砖坯码成的炉孔层 4 条空槽,再向上穿过两组砖坯后,从第 3 个炉孔层的 4 条空槽将烟气集中通入排烟口,经烟道进入烟囱再排出。

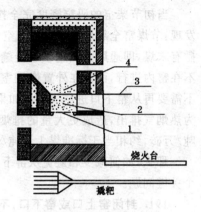

**图6-6　撬耙下加煤**
1. 炉排　2. 新加燃料
3. 撬耙　4. 燃料层

点火后进行烧砖,初期应先看火,以砖坯被焙烧后的颜色来判断烧成温度(表6-2)。

**表6-2　点火初期烧砖的颜色及烧成温度**

| 火色 | 开始暗红 | 暗红 | 开始樱红 | 樱红 | 淡红 | 桔黄 | 黄色 | 浅黄 | 白色 |
|---|---|---|---|---|---|---|---|---|---|
| 温度(℃) | 500 | 600~700 | 800 | 850 | 950 | 1000 | 1100 | 1200 | 1300 |
| 估计 | | | 欠火 | | | 烧成 | | | 过火 |

一般先取在 1000℃ 即砖色烧为桔黄色时开始出窑,并记下每次出窑的时间,观察出窑砖的质量再提高或降低焙烧温度。当调到最合适的烧成温度时,出窑间隙时间也随之形成了。此后只要

维持稳定的燃烧工况,就可以按时出窑而不必再依靠看火了。

# 6.3 窑下口进风的控制

### 190. 最初的节柴窑有什么严重缺点?

当初节柴窑的码窑密度完全按节煤窑的码法,稍一思考就会发现:节煤窑全靠从窑下口进入空气为煤供氧燃烧,而且砖缝中还撒有末煤,即通风面积还小于砖缝的总面积。节柴窑的燃料燃烧不在窑内进行,而是在外置燃烧室内进行。换句话说节柴窑已经不需要再从窑下口进空气了。如果再进入空气就会因冷空气加热为热烟气排出,造成更大量的排烟热损失。所以当时柴耗高达 3 吨/万砖,约相当于标准煤 1.5 吨/万砖,为节煤窑热耗的 2 倍。

那么,如何减少和避免从窑下口进风,就是外置燃烧节能的一个关键问题。

### 191. 封闭窑上口或窑下口,不让窑下口进风行吗?

在节煤窑里,只要在窑上口密码一层红砖再用稀泥糊上,不排烟也就进不了风,便可实现封火。那么节柴窑里我们用一块盖板将窑上口封住行吗? 首先,窑上口不排烟,烟气也会从烟囱排出,在窑内负压下仍然会从窑下口吸入空气。其次,砖坯干燥预热需要热量,还靠窑上口少量排烟带来热量,何况砖坯干燥的水分还得排走。所以窑上口是无论如何不能封闭的。

在窑门上安装能密封的窑门,断绝空气从窑下口进入的通道,确可大大减少或避免窑下口进入空气,节柴窑却不能这样做。因为没空气冷却红砖,出窑时红砖出窑温度高了会发生鸡爪形裂纹。

### 192. 将窑下口进的风送到燃烧室去助燃行吗?

这是一个很好的创意,将外置燃烧室原开在外墙上的进风口(灰门)关闭,另在窑内壁上开进风口,空气从冷却带进入燃烧室的风膛(灰膛),就可以实现这个设想(参见图 6-2、图 6-3 中的进风口)。

这样一来,既有空气在窑内冷却红砖,又可防止空气进入保温、烧成带。外置燃烧室原在外墙上开的进风口只能进冷风,而现在是从窑里进的热风,还有改善燃烧和节能的作用。

**193. 用码坯密度来控制进风如何?**

增加码坯密度也就是增加每层码坯的数量,就可以减少砖缝的总面积,也就减少了通风面积,当然就可以减少窑下口的进风量。通过下面的计算就很容易理解了。

标准红砖的条面面积为 $24 \times 5.3 = 127.2 (cm^2)$,若砖坯的焙烧收缩率为 $4\%$ 时,砖坯的条面面积为 $25 \times 5.5 = 137.5 (cm^2)$,按窑室边长计算尺寸为 $25 \times 4 + 3 = 103 (cm)$。窑室横截面(正方形)面积为 $103 \times 103 = 10609 (cm^2)$,窑室横截面积减去砖(坯)所占面积后,剩下的空隙总面积就是窑内通风面积(表6-3)。

表6-3 正规层不同码坯密度时的窑内通风面积 (单位:cm²)

| 码法 | | $15 \times 4$ | $16 \times 4$ | $17 \times 4$ | $18 \times 4$ | $19 \times 4$ |
|---|---|---|---|---|---|---|
| 一层的块数 | | 60块 | 64块 | 68块 | 72块 | 76块 |
| 红砖 | 红砖占有面积 | 7632 | 8141 | 8650 | 9158 | 9667 |
| | 通风面积 | 2977 | 2468 | 1959 | 1451 | 942 |
| 砖坯 | 砖坯占有面积 | 8250 | 8800 | 9350 | 9900 | 10452 |
| | 通风面积 | 2359 | 1809 | 1259 | 709 | 157 |
| 可供燃烧标准煤量(kg/h) | | 23.6 | 18.1 | 12.6 | 7.1 | 1.6 |

表6-3中红砖一项所列的通风面积就指空气流通面积,而砖坯项下的通风面积实际上是指排烟面积。之所以要将砖坯的有关数据列出来,是说明我们不能一味地去追求减少红砖项下的通风面积,而是还得照顾砖坯比红砖既要长一点又要厚一点,谨防码坯和砖坯下移出现困难。

表6-3中"可供燃烧标准煤量"是指这些空气的作用,因为依照节煤小立窑在砖缝中加煤,在窑内燃烧时的实际燃煤量约为

1kg 标准煤/100cm² · h，即每 100cm² 通风面积在 1h 内可燃烧标准煤 1kg。但并不是说在节柴窑里因为窑下口进风，就要造成这么多标准煤的浪费。其实在节柴窑内无燃料可燃烧，而只会造成冷空气变为热烟气排出所造成排烟热损失的增加，列出"可供燃烧标准煤量"只是形象表明这些空气没起到应有作用的程度而已。

采用增加码坯密度来减小窑下口进风，还有两个问题应注意：一是窑室施工时要保证窑壁面的平整度，每一面的相互垂直度和都要垂直于水平面，才能使砖坯顺畅下移。二是因为砖坯的密度增加后，烧成带的行火面积（即通风面积）减少，增加了行火的阻碍，应增加烟囱的高度以增加烟囱的抽力，可加快火焰的流速；还可以在喷火口与排烟口的窑室内壁上增设行火通道，以增加行火面积，当然这只适用于码坯太密的前提下。

### 194. 有什么办法减少窑内漏风的热损失吗？

向节煤窑内供给空气是为了供氧助燃，而节柴窑内再进入空气就没有助燃的作用，当然可以称为漏风了。这里要说明这一点是，因为我们要将窑下口漏进的非助燃空气变为燃烧用风，问题的关键不是阻止它漏进，而是有效地利用它来助氧燃烧。这就可以用"煤气（或木煤气）烧砖"。

要在外置燃烧室内进行气化，办法很简单，就是把燃料层加厚到燃料平均粒度的 15～20 倍，燃料一般厚度为 0.6～1m。由于燃料层加厚使进风阻力增加，在供氧不足的情况下挥发分只有部分燃烧，燃料中的碳只生成一氧化碳（CO），只放出 1/3 的热量。让挥发分和一氧化碳气（即煤气）进入窑室后，由窑下口进入的空气供氧助燃，在窑内实现完全燃烧。

以上介绍的控制窑下口进风的方法，从定性上讲都是有效的，其有效程度不能一概而论。应根据当地燃料种类、海拔高度、砖坯尺寸等条件进行认真的试验调控，提高量上的准确度，以实现最佳效果。

# 第7章 配套技术

## 7.1 废渣制砖

**195. 工业废渣用于制砖的基本原则是什么?**

利用工业废渣制砖既可以节能省土又无害化处理了固体废渣,尤其是黏土资源越来越少,用废渣制砖是世界砖瓦工业发展的趋势。即使农村烧砖,凡有条件的地方都应积极进行废渣制砖。

工业废渣一定要进行化验(一般情况下当地环保管理部门都掌握有废渣的产量和化学成分等要素),对照《质量管理规程》中对化学组成的要求,不完全符合时,可采用掺配其他物料的办法,进行调整。

化学分析数据都用氧化物来表示,实际上并不是氧化物的混合物,而多是以各种盐类的形式存在。当有钾(以 $K_2O$ 表示)和钠(以 $Na_2O$ 表示)等元素存在时,焙烧过程中可能生成盐酸盐、硫酸盐或碳酸盐。钾钠的盐类有可溶性,轻的在砖内遇水溶解后经水分蒸发留在砖表面即所谓"泛霜"。严重的可能将砖逐渐变疏松不断掉粉渣。所以 $Na_2O + K_2O$ 的总量要控制在 3% 以下,越少越好。

还有一类对环境有害的物质,如硫(以 $SO_3$ 表示)、氟(以 HF 为代表)会污染大气、土壤、地下水,对人畜、植物和金属及建筑物等造成危害,应当尽量避免。利用时要对其有害成分进行治理,如用以钙为代表的碱土金属的氧化物进行脱除。如果没有找到脱除方法不能盲目采用。

进一步按《质量管理规程》,使粉碎后的废渣所掺配成的制砖泥料要达到物理性能要求。

此外有许多废渣往往有一定的含碳量,焙烧过程要放出热量,可能节省烧砖燃料。但因其含碳多少相差很大,应进行化验掌握其热值,按内燃烧砖进行配料。

### 196. 有哪些废渣已用于制烧结砖?

煤矸石、粉煤灰已由国家标准列为常规黏土原料。

煤灰渣、烟道灰也与粉煤灰一样,都是燃煤剩下的废渣。其不同点是:煤灰渣的粒度不均一,往往比较大,需要粉碎后才能制砖;另一点是它们的含碳量差异也很大,进料时应将不同批次的煤灰渣、烟道灰等平铺撒开,制砖时从料堆上由顶到底地纵向取用,这样,其含碳相对减少了差异。并应试烧后再生产,以防焙烧超热时产生结瘤,甚至熔融烧结成大团堵窑而被迫停产。

赤泥是炼铝工业的残渣,其化学成分与黏土相似,特别是含较多的氧化铁($Fe_2O_3$)呈红色故而得名。但需与高含碱量的母液分离,最好是漂洗干燥后再用于制砖。

### 197. 湿黏土能破碎并剔除石块吗?

常规的锤式破碎机要求进料含水率低于 $10\%\sim12\%$,而在利用废渣、废土时常常遇到因含水率太高的大难题,虽对辊机和轮碾机可以破碎湿黏土之类的物料,但对含有石块的物料就无能为力了。何况其造价高、能耗高不适用于小立窑砖厂。

为此,我们设计了一种湿黏土破碎机与除石机,这种机器十分简单,像拆除了筛子的锤式粉碎机。机下设有一块倾斜的筛子,利用机器的震动进分筛分,黏土从筛子下漏出,石块则从筛面上滚到一旁。如果破碎粒度还不理想,还可以用双转子或多转子串联,进行多级破碎(图 7-1)。

湿黏土锤式破碎机与除石机使用说明书见附录 7。

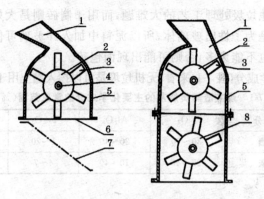

**图 7-1  湿黏土锤式破碎机与除石机**
1. 进料口  2. 转子  3. 锤片  4. 轴心  5. 外壳
6. 空底  7. 筛子  8. 二级加工结构

# 7.2 生活垃圾制砖

### 198. 生活垃圾可以制烧结砖吗?

生活垃圾指家庭和街道清扫的垃圾。垃圾是放错了位置的资源,弃之为废物,用之则是可再生矿藏,故有人称垃圾为"城市矿"。但如果将生活垃圾直接用于制砖是肯定不行的,需进行简单的分类后分别利用。

生活垃圾要分为可回收物、可腐物、可燃物、无机物和渗沥水。可回收物主要是金属,大块塑料等应当捡出。可腐物和渗沥水如果直接制砖,会造成挥发分的热量损失和甲烷污染,而农村沼气池很普及,将其投入沼气池就行了,即使砖厂专修一座沼气池也非难事。产生的沼气既可以用于炊事和照明,也可以用于烧砖。可燃物如织物、塑料、家具等可以投入外置燃烧室用于烧砖,焚烧灰则可以并入无机物用于制砖。无机垃圾主要是煤灰渣和尘土,尘土即黏土不难理解,煤灰渣用于制砖也在前面讨论过。垃圾中的碎玻璃是其他垃圾处理工艺的大难题,而用于制砖则是大好事。因为烧砖就是为了烧出玻璃体,所以泥料中加入碎玻璃可使砖更结实。当然也不能太多,否则可能出现面包砖。

从化学成分(表 7-1)来看,无机垃圾是可以掺入黏土用于制砖的。

**表 7-1　煤灰渣与焚烧灰的主要化学成分的常见范围(%)**

| 化学成分 | $SiO_2$ | $Al_2O_3$ | $Fe_2O_3$ | CaO |
|---|---|---|---|---|
| 煤灰渣 | 30~70 | 20~40 | 1~20 | <20 |
| 焚烧灰 | 25~46 | 10~40 | 4~7 | — |

符合国情的农村和小城镇垃圾处理实用技术见附录 8。

# 7.3 污泥制砖

### 199. 哪些污泥可以制砖?

一般说来,水厂污泥、疏浚污泥、清淤污泥来自江河、湖泊,其有机质含量很少,其无机成分又以黏土质矿物为主,所以可以作为黏土资源用于制砖。其主要特征是含水率大,一般要先堆积排水后才可使用。

### 200. 污水污泥可以直接制砖吗?

污水污泥主要指城镇生活污水、食品厂污水,经污水处理后产生的污泥。主要由动、植物经腐败、消化后生成,其有机物含量很高,发热量一般为 4~18MJ/kg,属于生物质燃料的范畴。

按常人的思路而言,如果用污水污泥制烧结砖,既可以利用其黏土成分又可以利用其生物质热值,可谓是"节能省土"的好事。但了解砖瓦生产工艺的人稍加思考就会发现,砖瓦坯在从干燥带进入烧成带前的预热带温度仅为 120~600℃,而生物质在 160℃左右便要释放出以甲烷($CH_4$)为主的挥发分。甲烷就是天然气和沼气的主要成分,也就是说挥发分就是一种气体燃料。而甲烷的着火温度是 658～750℃，所以甲烷在预热带不可能燃烧，以甲烷为主的挥发分就只有随烟气白白地从烟囱排出。这样，甲烷的热值得不到利用，而甲烷的温室效应是 $CO_2$ 的 21 倍。所以说，如果将污泥加入制砖泥料烧砖，既浪费能源又污染环境。

**201. 怎样才可以用污水污泥制砖？**

干化后的污泥在预热带同样要释放出挥发分，同样会产生既浪费能源又污染环境的恶果。何况干化过程还要消耗能源去干燥污泥，要造成更大的能源浪费，所以用干化后的污水污泥制砖也是错误的。

如果我们先从能源利用入手，将污水污泥作为粘结剂加入煤或生物质粉料，压制为成型燃料。也可以将污水污泥干燥后用作燃料，都可以在外置燃烧室内燃烧。先将热值用于烧砖后，再将燃烧灰渣加进黏土泥料用于制砖。这样一来既利用了污水污泥的热值又利用了黏土成分，这才是真正的节能省土的污水污泥利用方法。

污水污泥直接用于制烧结砖既浪费能源又污染环境见附录 9。

# 7.4 砖厂生产管形陶质产品

**202. 小立窑砖厂怎样生产管形陶质产品？**

小立窑砖厂基本上都采用软塑成型的挤出式制砖机。只要将原砖坯成型的机头和机口卸下，另安装一个机头，用制砖泥料便可挤成管形坯件，干燥后在小立窑中焙烧成陶质的烟囱、炉芯等管件产品。炉芯还可以不经焙烧，干燥后即可使用，火炉烧火后自己烧熟。

**203. 怎样制作炉芯和管件成型头？为什么炉芯要单独成型？**

(1)图 7-2 就是一种铸铁加工成的挤管成型头，里面有一套类似生产多孔砖的芯具，芯架固定在机头上，用一根螺栓将芯杆和芯头固定在芯架上，便成了管件成型头。

当机口和芯头都做成圆形，挤出的便是圆管。把机口做成方形,芯头做成圆形,挤出来的便是外方内圆管,可做烟囱用。如果内外都做成方形便可生产方管。在芯头上做出几个圆缺形凹槽,挤出来就成内壁有凸埂的蜂窝煤炉芯。如果在芯架上加装几根芯杆,挤出来的炉芯就带有二次风管(图 7-3)。

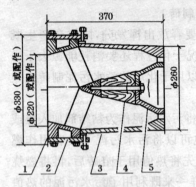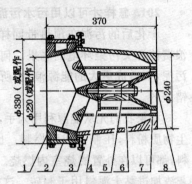

图 7-2　挤管机头

1. 龙头　2. 伸条　3. 机口

4. 芯杆　5. 芯头

图 7-3　炉芯机头

1、2. 伸条　3. 机口　4. 支架

5. 芯杆　6. 支杆　7. 杆头　8. 芯头

　　图 7-4 是挤砖机换上成型头后的炉芯机及炉芯生产时的情景。

图 7-4　炉芯机

（2）如果将炉芯与炉壳一体成型，配上烟管即可成为一个炉子，但由于炉芯受高温容易热胀开裂；再则炉芯分开后可以不焙烧即能装炉，使用中再自己烧成；三则炉芯是易损件，单独成件易于更换，从而延长炉子的使用寿命；四则炉壳与炉芯之间填上一些草木灰保温可以节煤、省柴。炉中的两块砖最好用耐火砖，无条件时也可用红砖。之所以不与炉壳连体，也是为了便于更换。还有，如果当地烧用砌体炉灶，便可以在灶内安装炉芯即可变为节能灶。

炉芯规格可生产大小型号的系列产品，炉子的热工性能首先决定于炉芯，而炉芯及整体炉型的设计，要根据当地燃料、炊事习惯、烟囱高度、海拔高度和锅的形状、大小等因素综合设计。

**204. 生产陶质炉具有什么意义？**

小立窑砖厂主要建在农村，尤其是边远贫困山区，当然应尽可能为农户提供更多更好的服务。红砖厂生产定型炉具，可以使农户炉灶升级换代，而且性能稳定，效果可靠。砖厂掌握了节能炉具生产技术，可以彻底改变以前全靠别人改灶或者赠送炉灶，而出现问题又无人修，特别是农户炉灶差异很大，型号单一的炉具不能普遍适用，改灶的人也对付不了不同地区、不同农户的炉灶变化。由农村自己生产不同型号的陶质炉具，以前有的将节能炉具当废铁卖掉的现象再也不会发生。对推广节能炉具而言，可谓是一劳永逸，实现可持续发展。

图 7-5 是一种不用任何铁件的省柴灶。采用下加柴在炉内无黑烟燃烧，火焰从远烟囱一侧喷出，两边各绕锅底半圈，让锅充分吸热后再进排烟口，兼具节能和环保功能。这种炉具无任何铁件，只要有泥土和焙烧用的燃料就可以生产。

**205. 陶质节能炉具的泥坯是怎样成型的？**

前文已经谈到陶质炉具成型问题，这里再举一例谈各部件的成型。

陶质炉具主要生产三个配件，分别是炉壳、炉芯和烟囱，经焙烧后组装起来即可。

(1)炉壳。找一个塑料桶(或其他上大下小略为锥形的铁皮桶、木桶均可),桶底中部去掉,只留一圈边框,然后在桶底上搁一块与其吻合的木圆板,成为一个假底的炉壳模具,再在木板和桶内壁上贴一层废纸(塑料薄膜、布片、大叶片等均可)以便脱模。用拌好的泥料糊在桶内壁上 2cm 左右,再在底

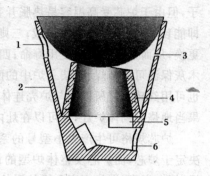

图 7-5 陶质无黑烟节柴炉
1. 另接烟囱管 2. 炉壳 3. 看火孔
4. 炉心 5. 砖 6. 炉门(加柴口)

板上做成一个便于加柴和挖灰的底槽,周围用泥压实抹平,再用湿手或抹子把糊上的泥压紧抹光,待其稍干能自持时,将桶底顶在木桩上,把桶往下按,底上的木板和糊成的泥坯就可以与外桶模脱离(图 7-6)。将其晾干,最初要防风防晒以免干裂。

(2)炉芯。另找一个比外模直径小一些的锥形桶,搁上炉芯内模,填进(还可以捣打)泥料并塞紧,旋转内模松动后,抽出炉芯内模,炉芯泥坯稍经干燥能自持时,将桶模倒置并从顶上抽出即脱模。也在防干裂的条件下晾干(图 7-7)。

(3)烟囱。烟囱可以砖砌,也可以用挤砖机挤管成型,还可以用生产两孔(将机口放大)砖的方式,并在砖机口上加一根切割钢丝,砖机挤出的泥条即为两根方形或外方内圆的小烟囱管(图 7-8),再由木板托住晾干。

无砖机时可手工成型,尤其是弯头只能手工成型。找一根塑料弯头,从中间剖成两半,即成两件模具。在弯头模具内糊上约 1cm 厚的泥料,待其干至能自持时翻倒在木板上,再稍干便可将两半对缝拼合,用稀泥粘接补缝,进一步晾干后再进窑焙烧。

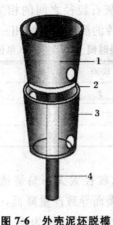

图 7-6 外壳泥坯脱模

1. 炉外壳泥坯 2. 木板
3. 外壳模 4. 木桩

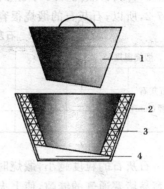

图 7-7 炉芯成型

1. 炉条内模 2. 炉芯外模
3. 炉芯泥坯 4. 斜口模板

图 7-8 挤出成型管件

# 7.5 砖与石灰混烧

### 206. 砖与石灰混烧的原理何在？

砖的烧成温度约在 950～1050℃ 之间。石灰石（$CaCO_3$）在 900℃ 左右即开始分解成生石灰（$CaO$），而每提高 100℃，分解时间便可以减少一半；石灰石的粒径减少一半，分解时间也可以减少一半。石灰石煅烧时间与煅烧温度、石灰石粒径之间的相关性见表 7-2，所以，石灰石的煅烧很容易与烧砖的温度和时间相一致。

表 7-2 石灰石的煅烧时间 （单位：h）

| 煅烧温度(℃) | | 900 | 950 | 1000 | 1050 | 1100 |
|---|---|---|---|---|---|---|
| 石灰石<br>粒径(mm) | 40 | — | 4 | 3 | 2 | 1.5 |
| | 80 | — | 8 | 5 | 4 | 3 |
| | 120 | 20 | 11 | 8 | 5 | 4 |

石灰石的粒度越小，煅烧时间越短，粒径太大不易烧透；太小则容易堵塞通气的缝隙，使上火速度减慢而导致产量降低，一般常用 30～80mm 粒径的石灰石。以其能烧透又不烧礓为准。

**207. 如何配煤？**

烧砖与烧石灰的加煤量应分别计量加入。首先是每块砖的煤耗不变，仍按入窑砖坯数计量加煤。

烧石灰的加煤量按石灰石的重量配给。配料比即煤与石灰石的重量配比见表 7-3。石灰石的煅烧热耗为 $(450～700)×4.18kJ/kg$。试烧时可按 $500×4.18kJ/kg$ 进行试配。烧出的石灰如果消解慢，甚至成颗粒而不成粉则是"过烧"了，应当减少加煤量即增大配料比。如果烧出的石灰还有未烧透的硬心，则是"生烧"的表现，应增大加煤量即减少配料比。

表 7-3 不同发热量的煤首次试烧配料比

| 煤发热量<br>(MJ/kg) | 12.54 | 14.64 | 16.73 | 18.82 | 20.91 | 23.00 | 25.09 | 27.18 | 29.27 | 31.36 | 33.45 |
|---|---|---|---|---|---|---|---|---|---|---|---|
| 煤发热量<br>(kcal/kg) | 3000 | 3500 | 4000 | 4500 | 5000 | 5500 | 6000 | 6500 | 7000 | 7500 | 8000 |
| 煤：<br>石灰石 | 1:6 | 1:7 | 1:8 | 1:9 | 1:10 | 1:11 | 1:12 | 1:13 | 1:14 | 1:15 | 1:16 |

例如:发热量为 4500×4.18kJ/kg 的煤,试烧时应采用 1:9 的配料比,也就是 10kg 煤配 90kg 石灰石。烧出的石灰如果过烧了则改为 1:10,如果生烧了则改为 1:8,直至调配比适当。

调试配料比时,原烧砖的码坯数和加煤量都完全不变,只是在炉孔层的空槽内放满石灰石和应配的煤。

**208. 怎么装窑?**

石灰石应保持干燥入窑,否则影响烧砖质量,甚至淋坏砖坯。

砖坯的码法与烧砖码法的形式基本一致,即一种是 4 行密码的正规层,一种是留有 4 个窑槽的炉孔层。石灰石只能加在炉孔层的空槽内。在 4 层一组中,最少应有 1 层是正规层,即炉孔层最多为 3 层。

焙烧时间应以烧砖为准,即原装、出窑时间不变。由于砖的烧成温度范围比较窄,仅 50~100℃,而石灰的煅烧温度范围可宽至 300~400℃。所以,可以采用改变石灰石粒度的大小来与烧砖时间相配合,增大石灰石的粒度可以延长煅烧时间,反之可以缩短煅烧时间。在保证烧砖质量的前提下,如果有生烧石灰,只需缩小石灰石的粒度即可。

**209. 如何简易判断石灰的质量和数量?**

生石灰块颜色白净,遇水能迅速消化成熟石灰粉,粉粒细腻的是好石灰;如果生石灰的白色不纯则表明石灰石含有杂质;如果生石灰呈灰白色且凝结后比较结实,则其可能含有类似水泥性质的水硬成分,叫水硬性石灰(普通石灰叫气硬性石灰)。用其配制混合砂浆时可以减少水泥用量。

由于石灰石煅烧分解成生石灰时,要放出大量 $CO_2$ 气体,损失 44% 的质量,所以,1.8t 纯石灰石才能烧出 1t 生石灰;而生石灰消化时要加入一定量的水,增重 32%,即每吨生石灰可产出 1.32t 熟石灰粉。换句话说,每 100kg 纯石灰石可以生产 56kg 生石灰。

同理,在其他窑型中也可以照此进行砖与石灰混烧。只不过是码窑方法有所不同,石灰石的粒度可能增大一些而已。

# 7.6 节煤砖瓦小立窑烧石灰技术

### 210. 怎样从外观上认识石灰石?

石灰石俗称灰岩或青石,主要化学成分是 $CaCO_3$ ,主要矿物是方解石。常含有白云石( $MgCO_3 \cdot CaCO_3$ )和黏土等杂质。除方解石外,以 $CaCO_3$ 为主要成分的岩石还有霰石、大理石、白云石灰岩、石灰石、白垩土和泥灰岩等,贝壳的主要成分也是 $CaCO_3$ 。

天然最纯的方解石是无色透明的,称冰洲方解石。但绝大多数都因含杂质而不透明。含均匀的炭时为浅灰色、深灰色,甚至黑色。

白云石一般为灰褐色,含铁时为褐色,含黏土杂质还带来黄色等。

大理石的主要成分也是 $CaCO_3$ ,随其含金属氧化物的种类、数量和分布而为多种多样的色调。

石灰石绝大多数为青灰和淡灰色。有碳或沥青杂质时呈微兰或黑色,有海绿石或低铁氧化物的为浅绿色。灰黄、灰褐、红黑、棕色者含有铁、锰的氧化物;米色、淡粉红色者,没有光泽,含有较多的氧化镁;乳白色有结晶光泽的,含有大量的氧化硅;色泽较淡的含硫化氢较少;颜色较深的,硫化氢含量较多。

### 211. 怎么识别石灰石的好坏?

石灰岩的品种分类见表 7-4。

石灰质量的好坏,首先取决于石灰石的质量。但对于发挥小立窑就地生产、就近供应的特点而言,若用当地含黏土杂质的石灰质泥灰岩,则可以烧出类似水泥的水硬性石灰。

把稀盐酸滴在岩石上,有嘶嘶声并放出二氧化碳( $CO_2$ )气泡的,就可能是石灰岩。杂质含量越少,反应越强烈。白云石与盐酸的反应则需要加热。

**表7-4 石灰岩的品质分类(%)**

|  | CaCO₃ | CaO | MgO | 煅烧温度(℃) |
|---|---|---|---|---|
| 纯石灰岩 | >97 | ≥54 | <1 | 1200~1250 |
| 石灰岩 | 81~96 | 45~53 | 2.5~3 | 1050~1150 |
| 白云石灰岩 | 63~80 | 35~44 | 10~20 | 1000~1050 |
| 泥灰岩 | 80~92 | 44~50 | 0~3.5 | 900~1000 |

石灰石还可以直接在小立窑中检验。把岩石敲成30~50mm的粒度的试样,放几块在烧砖的炉孔层中进行试烧。出砖时石灰石便烧成了生石灰。观察生石灰的好坏就容易鉴别石灰岩的好坏了。

**212. 哪些燃料可以烧石灰?**

烧石灰可以用气体、液体和固体燃料,在小立窑中烧石灰主要用煤和柴,又以无烟煤为多。而在外置燃烧室内可以烧烟煤和生物质燃料,还可避免煤灰渣混入石灰,得到更纯净的生石灰。

燃料是石灰成本的主要因素,而燃烧产生的热量和煅烧温度又是烧成质量的关键。所以,燃料的正确使用是烧石灰的主要环节。

**213. 小立窑烧石灰的原理是什么?**

小立窑烧石灰与烧砖一样,也采用固定五带焙烧工艺。石灰和煤分层加进窑,经过干燥、预热、烧成、保温和冷却带后卸出。从理论上讲,100kgCaCO₃(石灰石)可生成CaO(生石灰)56kg,体积缩小20%~30%。

$$CaCO_3 \rightarrow CaO + CO_2 \uparrow$$

干燥、预热带是利用烧成带排出的高温烟气,将石灰石预热、干燥后再排出窑室。这两个带一般占窑室的30%左右,即1.5m左右。如果太短,将使排烟温度提高,增加排烟损失;如果太长,则增加烟气阻力,降低煅烧速度。当预热到900℃时(煅烧白云石时为850℃)就进入烧成带。

烧成、保温带约为窑室的 40%，即 2m 左右高，如果短了容易出现生烧石灰；如果长了则容易过烧，出现烧死的碸灰。烧成带的温度为 900℃～烧成温度～900℃。保温的目的是让其充分烧透。

冷却带约占 30%，即 1.5m 左右。温度降到接近或略大于大气温度时出窑。保温和冷却带中石灰所含的热量，逐层被从窑底进入的冷空气所吸收。经过加热的空气进入烧成带，参加煤的燃烧反应(图 7-9)。

每次从窑底漏出一些生石灰，上面又再加进同体积的石灰石和与其相匹配的煤。如此渐次出灰又随即装窑，连续生产。

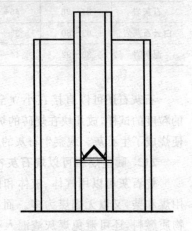

**214. 烧石灰要多少煤？**

目前，我国农村曾用土窑烧石灰。土窑用间歇方法生

图 7-9　小立窑烧石灰改窑图

产，生产周期约半个月。土窑产量低，煤耗高达 350～500kg/d。

石灰石的理论分解温度为 890～910℃。纯 $CaCO_3$ 转化为 CaO 的理论热耗为 1777.18kJ/kg。烧成 1kg CaO 需热量为 3178kJ。因为矿石的粒度、杂质等因素影响其分解温度和速度。实际煅烧温度为 1000℃左右。实际热耗随矿石杂质种类和含量而有较大差异。如果褐色的石灰石中含有一定量的沥青，石灰石分解时，沥青要燃烧发热，所以，这种矿石的热耗可低于纯石灰石煅烧理论值。

现代石灰立窑世界煤耗水平约在每吨灰耗标煤为 120～160kg，普通立窑为 150～200kg，砖瓦小立窑也为 150～200kg/天。

煅烧温度高可加速石灰的烧成，当 1150℃时比 950℃分解速度高 2～3 倍；由于热损失和由表及里的缓慢分解，煅烧热耗与石灰石粒度平均直径的平方成正比。

**215. 有哪些优质低耗的技术措施？**

烧石灰主要是做到料(石灰石)、煤(燃料)、风(供燃烧的空气)的平衡。又以风和煤配合得当,所形成的煅烧温度为主要条件。

(1)石灰石块度。粒度越小热耗越低,但也不能过小。因为太小了,料石之间的空隙小,气体流动的阻力大,通风差,氧气供应不足,不仅煅烧速度慢,而且会增加煤耗,一般为 30~100mm,最好控制在 50~80mm。

石料的块度越均一,煅烧速度越均匀,温度越稳定,煅烧效果越好。

(2)混装时的煤炭粒度。一般说来,在小立窑中烧石灰以无烟块煤为好,但应尽可能地采用地方燃料,以免运力和资金的浪费。烧烟煤或生物质时应采用外置燃烧小立窑。

为保持燃烧的均匀性和低煤耗,燃煤必须过筛,块煤和末煤分别使用,但劣质煤则应尽量选用块煤。

(3)混烧的薄层加料。平铺一层石灰石就撒一层煤,要薄撒、撒匀。还应注意将稍大块的加中间,小块的加四壁(因为四壁进风量比中间大 30% 左右),以保持通风均匀。

煤炭应四周多加(但不能紧挨四壁以防结瘤),中间少加,中间加大,四周加小,以保持在弥补四壁散热损失后的炉温均一。加煤量还应严格计量。不得随意增减。

(4)勤出灰。每次出窑间隙不宜多于半个小时,出灰量以灰不很烫手为度(小于 60℃),出灰后应马上装料,防止高温烟气散失。

**216. 砖瓦小立窑如何改为石灰立窑？**

砖瓦小立窑改烧石灰只需在窑底炉条梁上装设一副"人"字形炉排即可。

先按图焊好炉排,注意使固定炉排总高不超过炉条梁与拱之间的空隙高度,并注意活动炉排要能在固定炉排内安装吻合又能滑动自如(图7-10)。

搁上炉排后用砖头和水泥砂浆将固定炉排固定,并将窑底收小为约 800×800mm 的出窑口。

**217. 煤与石灰石怎样装窑?**

先使活动炉排的炉条与固定炉排的炉条错位,即活动炉排的炉条对准固定炉排的炉条间隙的正中间,再用干砖坯头将炉排上

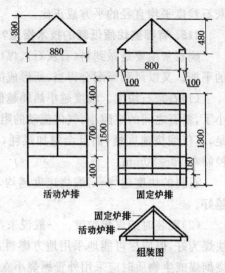

图7-10 烧石灰炉排

填平,加入约300斤木柴(如果是干窑,装200斤即可),底部装小枝丫等易于燃起的小柴,并在其中吊几根浸油的破布条到炉排下以便点火。木柴上装400~500斤大块煤(干窑时只装400斤即可)。煤的发热量以 20.91MJ/kg(即 5000kcal/kg)为准,不同发热量时应进行换算。

燃料装好后就按正规装窑法操作,即一层石灰石一层煤,煤石比按1:5配料。即一份煤配5份石灰石(重量比),一直加到离窑上口约1.5m时就可以点火,点燃后再逐渐装满。

如果煤的发热量不为 20.91MJ/kg 时,按表7-5的比例配料:

表7-5 不同发热量时煤石配料比例

| 煤发热量 (MJ/kg) | 12.54 (3000) | 16.73 (4000) | 20.91 (5000) | 25.09 (6000) | 29.27 (7000) | 33.45 (8000) |
|---|---|---|---|---|---|---|
| 煤:石灰石 | 1:3 | 1:4 | 1:5 | 1:6 | 1:7 | 1:8 |

注:括号内为已被淘汰的发热量单位为 kcal/kg 的数值。

## 218. 怎样点火？

将吊在炉排下的油布条点燃窑内便开始燃烧。窑口上开始冒烟，最初主要是白色的水蒸气，烟气量大而稳定后逐层把窑装满。

## 219. 怎样继续加料？

白色水蒸气逐渐变淡，窑内的料层开始下降，待排烟温度升高到烫手时开始加料，一次可加多层，但每次加料总高度不应超过50cm。两次加料后，烟气再度烫手时即可开始出灰。

## 220. 怎样出灰？

将活动炉排拉出几厘米，使其炉条与固定炉排的炉条重合，炉排缝即扩大了一倍。先勾完废干砖坯头，生石灰即自行漏下，稍见火星掉下时随即将活动炉排推还原，就停止出窑。以后再出窑时拉动炉排，石灰即自动漏出。

漏下的生石灰落到窑底的筛子上筛分，同时捡去炉渣即为成品生石灰。

石灰筛实际上是一个钢条排，高1.5m，宽1.1m，间隙2cm，用Φ14～16的钢条焊成。

## 221. 如何调节煤石配比？

装窑时除点火的柴、煤外，每千克石灰石配4182kJ(1000kcal)热量。随着窑温升高便会出现石灰过烧现象，应逐步减少用煤量，即增加石灰石的配料比，每次增加一个档次。如原为1:5，便可按1:6、1:7…渐次增加石灰石加入量，也就是相应地减少了加煤量，直到正常。如果发现生烧，也可减少石灰石配比。当煤石比过大出现生煤时，便应减少煤石比，最后以烧出石灰质优并稳定时为准。过烧灰颜色带黄，且消化速度慢；进一步便只能消化为块而不能消化为粉；严重时烧为疆灰而不能消化。煤石比太低而出现窑内温度太高时，还会将煤灰烧为熔融状态与石灰粘为大团——结瘤。所以在窑内未正常前切勿疏忽大意。正常情况下每千克石灰石配热为2300～3350kJ/kg(550～800kcal/kg)左右。

### 222. 怎样进行封火和停窑?

如需短时封火中断煅烧时,可用砖将窑上口盖满并用草泥糊严。封火前应连续出几次灰,使火层下降 1m 左右后再将窑装满,然后才盖砖糊泥。

停产前窑上装入已烧成的生石灰约 1m 高(避免出现上层生烧),然后任其自然烧透后自然熄火。

### 223. 怎样避免结球块和挂瘤?

煤石比太低(即配煤量过多)、撒煤不匀出现局部过多、烧用高硫煤或灰分熔点很低的煤等情况下,就会出现结球块现象。球块粘在窑壁上的称挂瘤,这时窑口冒浓青烟,物料下沉不灵或突然下陷较深,出灰时过烧灰和煤火伴随而下。严重时结成一整团。

发现球块时应将料层降下,凉出球块,让其冷却变脆后捅碎。结整团就只有停火冷却后慢慢清理。所以应严格计量配料,薄层撒匀。一旦发现结块征兆就应马上多出灰,加料时应减煤,即增加煤石比。

### 224. 中心红四周暗是怎么回事?

中间温度高而周围温度低是温度不高,应减少煤石比,即增加配煤量,并四周多撒煤(但不能粘窑壁)。

如果窑上口见红说明煅烧层上移,应多出灰多加料,降低火层。

### 225. 怎样防止火层下移?

出灰太猛后,应延长出窑时间。如果火层下移同时又有火层上移的现象,是煤的粒度不匀,燃尽不同时所至,应筛煤后分别使用。

调整时宁可生烧切勿过烧,生烧的石灰可以返回重烧,过烧的礓灰即为废品,结球团后捅烂更麻烦,甚至被迫停火。

### 226. 怎样进行生产控制?

(1)石灰石料应严格控制为 5~8cm,细碎石子可少量加在四周,超大的石块不要上窑。

(2)煤和石料都必须过秤计量,配料比稳定后也可用料斗、箩筐计量。但应力求准确。

(3)坚持做到出灰的勤出、少出和出匀的要求。

(4)细心观察上下配合,随时维持窑内五带平衡,并做好生产记录,交接班时千万不能漏掉异常情况及处理过程的交代。

(5)随时听窑内石灰石分解下坠的声音,观察窑面下降的速度;窑面烟气温度的升降和烟量的浓淡;窑下生烧、过烧灰量的多少。发现异常情况一定要及时处理。

**227. 石灰怎样分类和定等?**

1992 年公布的建筑生石灰行业标准 JC/T 479—1992 规定了建筑石灰的分类与等级标准。

钙质、镁质石灰的分类界限:氧化镁含量大于 5％的生石灰称镁质生石灰,小于 5％的称钙质石灰(表 7-6)。

**表 7-6　生石灰分等指标**

| 项　目 | 钙质石灰 | | | 镁质石灰 | | |
|---|---|---|---|---|---|---|
| 等　级 | 1 | 2 | 3 | 1 | 2 | 3 |
| 有效钙＋氧化镁 ≥％ | 90 | 85 | 80 | 85 | 80 | 75 |
| 未消化残渣含量(5mm 圆孔筛筛余) ≤％ | 7 | 11 | 17 | 10 | 14 | 20 |

**228. 水硬石灰有哪些技术指标?**

我国目前只生产气硬性石灰,不生产水硬性石灰。在国外有不少水硬性石灰生产,砖瓦小立窑可以就地选用黏土质含量高的泥灰质石灰石,烧水硬性石灰。黏土质含量为 8％～10％的泥灰质石灰石可以烧成弱水硬性石灰,含量为 12％～20％的泥灰质石灰石可以烧出强水硬性石灰(表 7-7)。

表 7-7   前苏联水硬性石灰技术指标（ГОСТ9179—77）

| 指　　标 | 弱水硬性 | 强水硬性 |
|---|---|---|
| 折合干物料的有效 CaO＋MgO 含量(%) ≤ | 40 | 5 |
| | 65 | 40 |
| 有效 MgO 含量(%)　　　　　　 ≤ | 6 | 6 |
| $CO_2$ 含量(%)　　　　　　　　 ≤ | 6 | 5 |

## 229. 如何辨别生石灰的煅烧程度？

生石灰一般为白色、带金属氧化物时可为灰色、淡黄色、褐色或黑色。煅烧程度对生石灰的影响见表 7-8。

表 7-8   煅烧程度对生石灰的影响

| 煅烧程度 | 轻　烧 | 中　烧 | 硬　烧 | 熔　烧 |
|---|---|---|---|---|
| 硬　度 | 2 | 2～3 | 3 | 3～5 |
| 体积密度(g/cm) | 1.59 | 2.09 | 2.81 | |
| 消化速度 | 快 | 慢 | 碎　裂 | 不　能 |
| 颜　色 | 白 | 白度逐渐减退 | | |

## 230. 石灰的消化反应是什么？

生石灰遇水即消化为熟石灰，消化时发热温度以 $80～95℃$ 为好。

$$CaO＋H_2O \rightarrow Ca(OH)_2$$

消化后熟石灰变为粉状，体积密度为 $0.4～0.5t/m^3$。按质量计算，100g 生石灰加 32g 水生成 132g 熟石灰。但由于消化热造成水分蒸发损失，最少需要加 52g 水。

一般说来，消化速度快、消化后出粉率越高的石灰越好，消化速度可因杂质含量、过烧而变慢，镁质石灰也比钙质石灰消化慢。

# 7.7 窑灰和废砖瓦制水泥

### 231. 什么是石灰火山灰质水泥？

窑灰（煤渣、粉煤灰）、废砖瓦（烧黏土、烧页岩）均属火山灰质材料。加入石灰或石膏作激发剂，即成水硬性胶凝材料，称为石灰火山灰质水泥，是无熟料水泥的一种。如果两类材料分别制水泥，还可称为石灰煤渣水泥、石灰烧黏土水泥。

凡将干燥的火山灰质混合材料同石灰（生石灰或熟石灰）按适当配比混合粉磨，或分别磨细后再均匀混合制成的水硬性胶凝材料，称为石灰火山灰质水泥。

按标准规定的强度检验方法进行试验，各龄期强度均不得低于表 7-9 的数值：

**表 7-9　石灰火山灰质水泥的强度**

| 水泥标号 | 抗拉强度（kg/cm²） | | 抗压强度（kg/cm²） | |
| --- | --- | --- | --- | --- |
| | 7 天 | 28 天 | 7 天 | 28 天 |
| 50 | 4 | 6 | 20 | 50 |
| 100 | 6 | 8 | 40 | 100 |
| 150 | 8 | 10 | 70 | 150 |
| 200 | 9 | 14 | 90 | 20 |
| 250 | 11 | 18 | 110 | 250 |
| 300 | 14 | 22 | 140 | 300 |

注：上述标号以 28 天的抗压强度为准。低于 200 号的水泥，可以根据 7 天强度数值，按相应的标号使用。

### 232. 窑灰和废砖瓦制水泥应特别注意哪些问题？

窑灰和废砖瓦一般情况下可以制成 50 号和 100 号水泥（活性好，粉磨细的还可以生产出 150～200 号的水泥），用 1∶1 与 1∶2

和配比可制得 50 号或 25 号水泥砂浆,也可以配制 20～25 号素混凝土(每立方米混凝土用水泥 250～300kg)。

与普通水泥不同,应注意以下问题:

(1)凝结速度慢。早期强度低,但后期强度高,对急于使用和要求早期强度高的工程不适用。

(2)抗水性好。适宜于潮湿环境的工程,如:农田水利、基础、地坑、地坪等,但抗渗水性能不如普通水泥,不宜用于干燥环境的工程。

(3)制成的建筑砂浆有优良的和易性。砌体的灰缝易于饱满,可用于 4 层以内建筑物的墙体砂浆,但应注意保持砖面的潮湿状态,并尽快进行抹灰、粉刷和勾缝,以免水分蒸发过快而影响砂浆的强度。

(4)水灰比不能过高,否则硬化更慢,也不宜在雨天露天使用。

(5)抗冻性能差,在 15℃以下的环境中不宜施工,不适用于冻融频繁的工程,但耐热性较好。

(6)抗化学腐蚀性能不稳定。不应用于有化学腐蚀的工程。

(7)在大气中的稳定性不如普通水泥,不适用于干燥环境,只适宜于相对湿度大于 60% 的环境中,如果加入 10%～30% 的普通水泥,则可大大提高其抗大气稳定性。

(8)受大气中水分和二氧化碳的影响较大,水泥保存期限最好不超过一个月。

(9)不能用于钢筋混凝土构件。

### 233. 窑灰和废砖瓦制水泥怎样选择原料?

(1)活性原料。火山灰质材料在有水的条件下与熟石灰起化合作用的能力,称为化学活性。该化学作用的速度快和数量多即表示活性高,氧化铝($Al_2O_3$)成分在水泥水化时起重要作用,所以 $Al_2O_3$ 含量越高越好,一般不少于 15%,而含砂量最好小于 20%。

窑灰(煤渣、粉煤灰)的含碳量不得超过 20%,含碳量越少,大气稳定性和抗水性越好（日本规定含碳量应小于 5％），$SO_3$ 含量应小于 4％。

砖瓦粉由黏土、页岩、煤矸石等原料烧成，以温度在 $600\sim800℃$ 范围内烧成的活性最好，即只烧到七八成火候时的欠火砖最好。烧熟的砖头，因经 1000℃ 左右烧成，活性较低。为增加活性，可加进 $Al_2O_3$ 含量高的煤渣、陶瓷碎块、耐火砖等废料。

以上两种材料可单独使用，也可混合使用。

（2）激发剂。用以激发火山灰质材料活性的物质称为激发剂。常用的有石灰和石膏。

①石灰：主要成分为氧化钙（CaO），其含量越高越好。一般以 $CaO+MgO$ 总量大于 80％，而氧化铁（MgO）以小于 7％ 为佳。MgO 含量高的烧白云石（镁质石灰）使用时应加大用量。

配制时虽然生石灰 CaO 和熟石灰 $Ca(OH)_2$ 都可用，但因生石灰消化为熟石灰时已吸收了大量水分，很容易与空气中的二氧化碳 $CO_2$ 作用生成石灰石而失去活性，这使水泥的储存时间大大缩短。

低品位石灰石（CaO 含量低而黏土含量高）因不便配料而不被普通水泥厂所采用，但因为黏土中含有 $Al_2O_3$，使这种石灰具有水硬性，且颜色也似水泥，所以是制造石灰火山灰质水泥的好原料。

②石膏：既可激发火山灰质材料的活性，又有调节凝结时间的作用，石膏有白色针状结晶或黑色颗粒结晶，在 $200\sim300℃$ 下矢量小，不易破碎是无水石膏；矢量大（约 20％）而较易破碎的是二水石膏。

天然二水石膏经 $600\sim750℃$ 燃烧后成为无水石膏（又称熟石膏），检验时将其磨细后加 30％ 左右的水调成石膏浆，如果很快凝结和变硬，说明质量好。应防止燃烧温度偏低而生成半水石膏，以免产生水泥的假凝现象，影响水泥质量。

黏土质石膏(黑石膏)及石膏类化工废渣也可利用,但因有效成分含量少应加大用量。

砖厂生产水泥,为简化工序和降低成本,通常都直接采用天然石膏而将煅烧工艺取消。当然对水泥质量稍有影响。

(3)评定活性的参考数据。将火山灰质材料进行化学分析后,用下列系数全面衡量分析:

①碱性系数:$\dfrac{CaO + MgO}{SiO_2 + Al_2O_3}$ >1 叫碱性材料,<1 叫酸性材料。

②活性系数:$\dfrac{Al_2O_3}{SiO_2}$ 数值越大越好。

③质量系数:$\dfrac{CaO + MgO + Al_2O_3}{SiO_2 + MnO_2}$ >1.6 的活性最高,质量好。

④钙硅比:$\dfrac{CaO}{SiO_2}$ 比值越大越好。

生产普通水泥时对矿渣分类的指标可供参考(表 7-10)。

表 7-10　普通水泥用矿渣分类指标

| 技术指标 | 一类 | 二类 |
|---|---|---|
| 碱性系数 | 0.65 | 0.50 |
| 活性系数 | 0.20 | 0.12 |
| 质量系数 | 1.25 | 1.00 |

**234. 原料该怎么进行处理?**

(1)去杂。剔除生土、礓块、铁粒、有机物、煤炭等杂物,排除被油污染的原料。

(2)堆匀。为保证批量的品质均一,应将不同批次的原料薄层堆积,取材时则从断面上开挖,使上下层原料能得已均匀混合。

(3)烘干。控制含水量在 2% 以下,越干越易细磨,水泥的保存期也越长,并尽可能将原料锤小,料块越小越易磨细,越省动力。

(4)磨细。越细越好,可以配料混合经磨细后即成水泥。也可以分别磨细,出厂时再配成水泥。

国家规定,水泥的细度为 4900 孔/cm²,筛余量小于 15%。有人采用全部通过 1 平方毫米孔眼来控制细度。因粉磨机具及其他条件不同,经验做法只能在通过抽样检查,确能达到规定的水泥使用质量时才能采用。

**235. 原料怎样进行配方?**

(1)配方范围。

| | |
|---|---|
| 窑灰、废砖瓦 | 60%～75% |
| 石灰 | 15%～35% |
| 石膏 | 3%～5% |
| 普通水泥(225 号) | 5%～10% |

(2)配方试验。根据原料的具体情况,通过试验来决定,每批料都应做一次配方试验。

可采用三因素正交试验来确定,最简单的方法是将石膏或普通水泥的加入量暂时为 5%,然后采用石灰为 15%、20%、25%、30%、35%、40%、50% 与火山灰质材料分别为 80%、75%、70%、65%、60%、55%、50%、45% 试配成水泥,再用硬炼法制成胶砂试块,按规定龄期测定其强度数值选其最佳者作为实用配方。

(3)配方举例(表 7-11,仅供参考)。因为原料质量差异大,不能直接采用别人的配方。

表 7-11    配方举例

| 编号 | 窑灰、砖瓦粉 | 石灰粉 | 石膏粉 | 普通水泥(225 号) |
|---|---|---|---|---|
| 1 | 76 | 15 | 9 | — |
| 2 | 73 | 20 | 7 | — |
| 3 | 71 | 20 | — | 9 |
| 4 | 70 | 25 | — | 5 |
| 5 | 70 | 25 | 5 | — |

| 编号 | 窑灰、砖瓦粉 | 石灰粉 | 石膏粉 | 普通水泥(225号) |
|------|------------|--------|--------|----------------|
| 6 | 69 | 25 | — | 6 |
| 7 | 66 | 25 | — | 9 |
| 8 | 65 | 30 | 5 | — |
| 9 | 65 | 25 | — | 10 |
| 10 | 63 | 25 | — | 12 |
| 11 | 60 | 35 | 5 | — |
| 12 | 60 | 25 | 5 | 10 |

**236. 窑灰和废砖瓦制水泥有哪些生产要点？**

(1)工艺流程。

原料 → 配合 → 粉磨 → 成品

原料 → 分别粉磨 → 配合 → 成品

(2)工艺要点。

干——原料水分控制在 1%～2%

准——检测、计量准确

匀——充分拌匀

细——越细越好，4900 孔/$cm^2$ 余量＜15%

严——严格把关、严格检验

(3)加工机械。

①粉碎：小型球磨机或轮碾机最好，农村的水碾也可用，在达到规定细度的前提下，笼式、锤式粉碎机及钢磨等也可试用。

②筛具：可自制手摇圆筒筛，也可以用面粉生产筛。

**237. 窑灰和废砖瓦制的水泥怎么使用？**

(1)防风化。因为石灰易与空气中的水分和 $CO_2$ 作用而变质，一般应在成品后一月内使用，最好是随配随用。库房应干燥、清洁、不通风。

已风化但尚未结硬块前,还可补充石灰或加入普通水泥后使用。

(2)水灰比。严格控制水灰比,一般为 0.4～0.7,以 0.5 左右为宜,以控制坍落度在 2cm 左右为最好,加水量多时,凝结缓慢且强度差。

(3)养护。养护非常关键,首先,使用时气温不得低于 10℃,其次,初期要保潮养护,不能直接洒水,避免风吹日晒,避免重压,3～7 天后才能直接与水接触,以后再养护 14 天(潮湿地区)到 21天(干燥地区)。

后期强度很好,试验证明:3～6 月后强度还可增长几成,甚至 10 年后强度还有所增加。

**238. 有哪些增加水泥早期强度的办法?**

加入 5%～10%普通水泥或加入少量水玻璃可大大增加早期强度,加入 10%～30%的普通水泥可获得满意的效果。

有人加入 1%～2%的食盐也有促凝作用,但须经试验证明后方可采用,另 1%～1.5%氯化钙、1%～2%的硫酸钠、1%的明矾等都可以通过试验后选用。

# 第8章　烧砖节能减排

**239. 为什么说小立窑取代土窑是最大的节能措施？**

人类生存与发展与土窑相伴历经数千年,但随着技术与经济的发展暴露出土窑的许多缺点:首先是产砖质量普遍较差,成品率一般都小于50%,而且标号很低。其次是燃耗很高,平均煤耗为4吨/万砖,有的竟高8吨/万砖,柴耗更高达15～30吨/万砖。三是土窑完全靠人在窑内操作,劳动条件恶劣、劳动强度高、事故率也高。土窑承载"煤老虎"的恶名久矣。

但是,由于土窑花钱少、上马快、就近生产、就地销售等优点,仍受到需砖量不大、运输不便、资金短少等条件下的青睐。

工业发达国家在战后重建时一举消灭了土窑,并已发展为大规模的全自动化隧道窑砖厂,人均劳动生产率高达500万块/人·年,砖瓦销售半径长达1000km。但是发展中国家在发展砖瓦生产初期一般都是资金少、劳动力多,特别是农村居住分散、需砖量小、运输不便,只能小规模启动。所以在我国改革开放初期尽管国家三令五申要淘汰土窑,但土窑却越建越多,这反映了社会发展对小窑型的需要。

从20世纪70年代以来,我国多个省建研所和国家研究院所都在土窑改造和研发小型节能窑型上下了很大的工夫,终于中国人民首创了世界最节能的砖瓦小立窑,并批准为国家环保最佳实用技术A类推广项目。

1995年7月国家环保局、农业部、国土局、建材局《关于加强砖瓦行业环境保护工作的通知》规定:"除边远贫困地区外,各地一律不得用小土窑(马蹄窑)进行砖瓦生产,已建成的必须关停"。现在我国发达地区已发展到淘汰 22 门以下的轮窑,就像不能要求我国的砖瓦工业都必须按国外的先进技术建全自动化隧道窑砖厂一样,我国后发展地区也显然不能用 22 门以上的轮窑去取代土窑,作为农村烧砖自用和发展砖瓦生产初期,就是小立窑发挥作用的阶段。

我国究竟有多少多土窑,从来没人统计过,熟悉农村的人都知道,除了交通便利的村庄外,几乎所有的村落都有土窑,有的多达 3～5 座,如果我们估算发达地区的农村已消灭土窑占全国的一半,那么就还有 20 多万个村有土窑,如果按平均每两个村建一座小立窑来取代原来的土窑,则需要 10 万座小立窑。

国家规定的先进烧砖标准热耗为 0.8～0.9 吨/万砖,而土窑为 4 吨/万砖。小立窑仅 0.45～0.7 吨,若平均按 0.6 吨/万砖计,可比大窑节能 30％左右,比土窑节能 85％,如果用 10 万座小立窑取代现存的土窑,可年节煤 3400 万吨。

**240. 提高合格率是根本上的节能吗?**

砖瓦生产也像其他商品一样,合格品才有使用价值也才能成其为商品。如果生产出来的是废品,不仅浪费了原料、燃料和人力,还要增加废品处理处置费用,所以降低废品率就可以节能。

提高产品合格率的关键在于掌握科学原理,练就熟练的生产技术。其次是按《质量管理规程》层层把关、环环相扣:由下工序验收上工序的半成品并对上工序负责,如果下工序生产了废品,起码应赔偿上工序的工资。

**241. 生产多孔砖怎就可以节能省土?**

国家规定多孔砖的孔洞率为 25％～40％,不难理解,就按标准砖的体积而言,可以节省 25％～40％的黏土原料,也同时可节能 25％～40％的燃料。由于通过孔洞可从砖体内进行焙烧,更容易烧透,便可以加速烧成从而提高产量,这也对上工序有连锁反应的节能效果。而且还可为用户减轻墙体重量 25％～40％,节省基础的投资和人力、物力。

### 242. 应怎样选择轻质砖的造气孔材料？

所谓轻质砖就是在制砖泥料中加入造气孔材料经焙烧后留下人造微细孔，使红砖原为 $1800kg/m^3$ 的容量变轻，一般为 $800\sim1000kg/m^3$。

传统的办法是"人造气孔"，这就是在制砖原料中加入可燃物，让其在焙烧砖的过程中燃烬后留下气孔。常用的造气孔外掺料有锯末、聚苯乙烯塑料、粉煤灰、煤渣、褐煤、泥煤、炼焦煤粉、烟道灰、污水污泥、废报纸、稻草、秸秆、软木下脚料、麦壳及谷壳等。也可在制砖泥料中加入硅藻土、珍珠岩、蛭石等轻质矿物。

但是早在20世纪80年代，西德砖瓦专家在《砖瓦工业手册》中就指出，锯末的热值为 $18480kJ/kg$，在砖瓦窑焙烧时，锯末的75％挥发分"全部白白与烟气一道跑掉"，最后供焙烧的热量只有 $4620kJ/kg$。聚苯乙烯在 $100\sim700℃$ 范围内全部分解为气体苯乙烯和苯，与烟气一同逸走。并且提出，应"安装合适的处理装置，例如辅助燃烧器等"，以回收能源。

与锯末同属生物质类的污水污泥、废报纸、稻草、秸秆、软木下脚料、麦壳、谷壳等高挥发分有机物，在砖窑的预热带里 $160℃$ 开始释放出挥发分 $200℃$ 后大量释放，$500℃$ 左右基本释放完。挥发分主要成分是甲烷 $CH_4$ 也就是天然气和沼气的主要成分，换句话说挥发分就是一种气体燃料，但挥发分的燃点在 $700℃$ 左右，所以在预热带里不可能燃烧而随烟气白白地排入大气。这不仅浪费挥发分的热量，还造成环境污染。在节能减排、特别强调"低碳"的今天，这些高挥发分的生物质加进制砖泥料既浪费能源又污染环境。这种做法应坚决制止。同理，烟煤、褐煤和泥煤等高挥发分的可燃物也应该禁止用作造气孔的材料。

粉煤灰、煤渣、焦炭粉、烟道灰等都已经过高温燃烧，挥发分已基本上不存在了。所以完全可以用作造气孔材料。但因其容重不是很小,制成的微孔砖"轻质"有所不足。

硅藻土、珍珠岩、蛭石等是理想的造气孔材料。这些物质在1000℃左右可膨胀增大体积约 $10\sim25$ 倍,其容重为:硅藻土 $300\sim500kg/m^3$ 、膨胀蛭石 $100\sim200kg/m^3$ 、膨胀珍珠岩 $80\sim200kg/m^3$ 。当然这要受到价格的限制,一般只在产地利用其下脚料。另外,我们还可以就地试用其他轻质矿物料,只要在砖窑里不排出有害气体和容重轻的都可以试用。

### 243. 湿黏土锤式破碎机与除石机有哪些用途?

常规粉碎机要求被粉碎的物料含水率为 $10\%\sim12\%$ ,如果湿黏土需破碎时就得先进行干燥后才行,这要增加干燥时排除过多水分的热量消耗和工作量。

如果冻土制砖需要加热解冻后才能使用,这也是费工费热的事情。而湿黏土里的石块一般也需干燥后过筛。

湿黏土锤式破碎机和除石机就是针对上述几种情况下为开辟黏土原料和保证日常生产,专门设计的简易实用机械。曾获中国专利权。其结构非常简单,一般农机站都可以制造,或用常规的锤式粉碎机进行改装,去掉筛片,将锤头改为锤片即可。在黏土资源紧缺的地方更能显其效用。

### 244. 该怎么充分利用废渣制砖?

煤渣、窑灰、废砖头粉碎后加入黏土泥料用于制烧结砖,已经是不成问题的问题了。

废土堆、矿山的"盖山土"除可由砖厂就近用于制外,还可以发动群众利用田边地角的废土自己制成砖坯干燥后,送到砖厂为其代烧。

各种尾矿、废渣等砖厂应尽量就近利用,以节省土源,这些废渣一般在环境保护部门有案可查。只要不产生二次污染的废渣都应积极试用;砂岩也应粉碎后加进泥料,特别是黏土原料的塑性指数高时应尽量多加废渣,最终以塑性指数到 7 为限。

### 245. 控制好进风量为什么能节能？

当用无烟煤烧砖坯时,空气从窑下口进入,煤加在砖缝里还要减少砖坯间的通风面积,尚能供给足够的空气进行完全燃烧并实现了高指标的节能。我们可以视为最佳工况。然而节柴和烟煤窑的燃料先在外置燃烧室里燃烧后,才将火焰喷入窑室进行烧砖,这时燃烧室的炉排下已经进入了足够的助燃空气,而窑下口照样在进入空气,如果砖坯码窑密度不增加的话,其砖缝里未加煤,通气更顺畅,进气量比烧无烟煤时还要大。这样就造成空气进窑量大大过剩。冷空气变成热烟气排走造成大量的排烟热损失。

### 246. 黑烟产生的原因何在？

黑烟是燃料中挥发分不完全燃烧产生的,烧无烟煤或焦炭、木炭时就因其挥发分含量小于 10% 而无黑烟。

在常规燃烧状况下,从炉排下进入的空气在燃料层中参加燃烧而消耗了大量氧气后,进入炉膛空间的已经是贫氧空气(烟气)了。当新加入的煤受热放出挥发分进入炉膛空间,就会因缺氧而不能完全燃烧,产生二次热解变成黑烟,冒黑烟的程度见表 8-1。

**表 8-1　燃煤冒黑烟的黑度级别**

| 挥发分(%) | <10 | 10~19 | 19~28 | 28~36 | >36 |
|---|---|---|---|---|---|
| 全烟量 | 0 | 0~9 | 9~18 | 18~26 | >26 |
| 一般黑度 | 0 | 1~2 | 2~4 | 4~5 | 5 |
| 最高黑度 | 1 | 3 | 5 | 5 | 5 |

### 247. 反烧法消黑烟是怎样实现的？

燃料要实现完全燃烧必须满足四大要素:高温,充足的氧气(空气),燃料与空气的充分混合,足够的燃烧时间和空间,缺一不可。当采用反烧时,煤和空气都从下面进入,其燃烧工况就大相径庭了。

首先新加进的煤的面层只受到从上面传导来的热量,同时又受到下面进入冷空气的冷却,所以放出的挥发分是少量而缓慢的,不像正烧时那样突然大量释放,这就大大减少了消烟的难度。其次是空气刚从炉排缝里进入,其中的氧气未经消耗,所以氧气充足;新鲜空气与煤挥发分同时从下往上,在煤块间隙里穿行时,由于煤块间隙粗糙而不规则,使挥发分和空气不断地转弯增减速度,产生强有力的湍流和反向涡流而得到充分的混合,同时又增加了挥发分的行程而延长了燃烧时间和空间;而在彤红的燃烧层中穿行燃烧时更是当然的高温。所以反烧能满足挥发分完全燃烧所需要的四大要素而进行无黑烟燃烧。

**248. 怎样脱除氟污染?**

国内外都发生过砖厂周围桑蚕大量死亡的事件,究其原因乃砖厂排烟中含氟化氢(HF)毒气所致。氟来源于制砖黏土或燃煤,实际黏土中含氟的很少而往往氟污染主要来源于煤中所含的氟。

除了应尽量选择不含氟的煤和黏土外,可在制砖黏土原料中加入细粉的生石灰(最好是熟石灰)。石灰与氟化氢(HF)反应生成氟化钙($CaF_2$),就将氟固定在砖或窑灰里,即可脱除烟气中的氟化氢(HF)气体,消除氟污染。如果制砖泥料已含有足够的氧化钙(CaO)即生石灰,就不应再加石灰了。

**249. 怎样脱除硫污染?**

煤和黏土中都可能含硫,最大可能是硫化铁分解后燃烧生成二氧化硫($SO_2$),其中可能有5%的$SO_3$,遇上烟气或空气中的水蒸气,便生成硫酸($H_2SO_4$)或亚硫酸($H_2SO_3$),对人畜、植物、金属都产生腐蚀性危害。

$H_2SO_4$和$H_2SO_3$也能与石灰反应生成硫酸钙($CaSO_4$)即石膏和亚硫酸钙(也可继续氧化成硫酸钙)。故可用石灰脱除硫污染。

**250. 如何防治氯污染?**

氯在黏土中含量很少,主要来源于燃料,有的生物质燃料往往含有较高的氯,氯在焙烧时释放出来,遇水蒸气便生成盐酸 HCl

也产生腐蚀性的危害。但也能与石灰反应生成氯化钙（$CaCl_2$）而从烟气中脱除。

当地生物质燃料经雨淋多次后可大大减少氯的含量，也能减少烟气中的氯污染。

**251. 怎样减少温室效应气体的排放？**

二氧化碳和甲烷等气体进入大气后，要笼罩着地球阻挡热量的散发，从而导致地球温度不断上升，冰川溶化造成海平面上升，气候变暖、恶劣极端天气灾害频频发生，已经发展为全球政治问题。要求各国都要减少温室气体的排放，大力提倡"低碳"从我开始已成为地球人的责任。

燃料中的热量主要由碳的燃烧发出，最终生成二氧化碳（$CO_2$），但如果燃烧不完全生成一氧化碳（CO），放出的热量只有完全燃烧的1/3，也就是需要增加两倍的燃料才能获得相同的热量，然而CO也是温室效应气体，3倍的CO比$CO_2$的温室效应就是要高出几倍；还有，燃料中释放出的挥发分，其主要成分是甲烷（$CH_4$），如果不燃烧而直接排入大气，其温室效应的危害就更大；如果挥发分不完全燃烧产生黑烟排出大气也是温室效应的元凶之一，被称其实际危害已占第二位。所以实现完全燃烧是最有效的温室气体减排措施。

由于生物质生长过程中光合作用要吸收 $CO_2$ 与其燃烧放出的 $CO_2$ 可以持平，故称之为 $CO_2$ 的零排放。所以在烧砖时应尽可能采用当地的杂草、秸秆、树枝等生物质燃料，是最积极、最被大力提倡的办法。

**252. 怎样防治二恶英污染？**

二恶英是燃烧产生的烟气中毒性最大的一种气相污染物，有极强的致癌性。主要来自垃圾等物的焚烧，其防治主要有以下几个方面：

首先是减少氯源，因为二恶英中含有氯元素，减少氯源就可以减少二恶英的生成。这就应该在垃圾焚烧前把聚氯乙烯塑料等择出,不要用于烧砖。生物质燃料尽量经多次雨淋后再烧用。其次是燃烧温度要＞850℃烧毁二恶英,这在砖窑中不存在问题。第三是在冷却带应尽快避开200～400℃防止二恶英的重新合成。换句话说400℃以后应快速降温。二恶英有很多附在灰尘颗粒上,所以应防止窑灰飞散,并将窑灰用于制砖。

**253. 怎样烧石灰才省煤?**

烧石灰时注意以下几点,可提高产量15%～20%,节约用煤20%～25%。

(1)石灰直径以3～8cm为限,而且要四壁装小石块,中间装大石块。

(2)看天气加煤,一般情况下夏天少配煤,冬天多配煤,晴天少配煤,雨天多配煤。

(3)加煤前需要过筛,大小煤分别使用,窑中加煤要周边多加,中间少加,但千万不能接触窑壁以防烧结挂瘤,又不得集中加在某些部位,要撒开加。

(4)定时出灰即时装窑,出灰间隙时间以小于30min为好,出灰后随即装好窑。窑上不得见红火,出灰也以不掉红炭为准。

# 附 录

## 附录 1  烧结普通砖国家标准

### 中华人民共和国国家标准烧结普通砖
### GB5101—2003 代替 GB/T5101—1998
### (2003—04—29 发布  2004—04—01 实施)

1. 范围

本标准规定了烧结普通砖的产品分类、技术要求、试验方法、检验规则、标志、包装、运输和储存等。

本标准适用于以黏土、页岩、煤矸石、粉煤灰为主要原料经焙烧而成的普通砖(以下简称砖)。

2. 规范性引用文件

下列文件中的条款通过本标准的引用而成为本标准的条款。凡是注日期的引用文件,其随后所有的修改单(不包括勘误的内容)或修订版均不适用于本标准,然而,鼓励根据本标准达成协议的各方研究是否可使用这些文件的最新版本。凡是不注日期的引用文件,其最新版本适用于本标准。

GB/T 2542  砌墙砖试验方法

GB/ 6566  建筑材料放射性核素限量

JC/T 466  砌墙砖检验规则

JC/T 790  砖和砌块名词术语

3. 术语和定义

JC/T 790 和 JC/T 466 确立的以及下列术语和定义适用于本标准。

烧结装饰砖　Fired facing bricks

经烧结而成用于清水墙或带有装饰面的砖(以下简称装饰砖)。

4. 分类

(1)类别。按主要原料分为黏土砖(N)、页岩砖(Y)、煤矸石砖(M)和粉煤灰砖(F)。

(2)等级。

a. 根据抗压强度分为 MU30、MU25、MU20、MU15、MU10 五个强度等级。

b. 强度、抗风化性能和放射性物质合格的砖,根据尺寸偏差、外观质量、泛霜和石灰爆裂分为优等品(A)、一等品(B)、合格品(C)三个质量等级。

优等品适用于清水墙和装饰墙,一等品、合格品可用于混水墙。中等泛霜的砖不能用于潮湿部位。

(3)规格。砖的外形为直角六面体,其公称尺寸为:长 240mm、宽 115mm、高 53mm。

(4)产品标记。砖的产品标记按产品名称、类别、强度等级、质量等级和标准编号顺序编写。

示例:烧结普通砖、强度等级 MU15、一等品的黏土砖,其标记为:烧结普通砖 N MU15 B GB5101。

5. 要求

(1)尺寸偏差。尺寸允许偏差应符合表 1 的规定。

(2)外观质量。砖的外观质量应符合表 2 的规定。

(3)强度。强度应符合表 3 的规定。

(4)抗风化性能。

a. 风化区的划分略。

**表 1　尺寸允许偏差**

| 公称尺寸 | 优等品 | | 一等品 | | 合格品 | |
|---|---|---|---|---|---|---|
| | 样本平均偏差 | 样本极差≤ | 样本平均偏差 | 样本极差≤ | 样本平均偏差 | 样本极差≤ |
| 240 | ±2.0 | 6 | ±2.5 | 7 | ±3.0 | 8 |
| 115 | ±1.5 | 5 | ±2.0 | 6 | ±2.5 | 7 |
| 53 | ±1.5 | 4 | ±1.6 | 5 | ±2.0 | 6 |

**表 2　外观质量**

| 项　目 | 优等品 | 一等品 | 合格品 |
|---|---|---|---|
| 两条面高度差≤ | 2 | 3 | 4 |
| 弯曲≤ | 2 | 3 | 4 |
| 杂质凸出高度≤ | 2 | 3 | 4 |
| 缺棱掉角的三个破坏尺寸不得同时大于裂纹长度≤ | 5 | 20 | 30 |
| a. 大面上宽度方向及其延伸至条面的长度 | 30 | 60 | 80 |
| b. 大面上长宽度方向及其延伸至顶面的长度或条顶面上水平裂纹的长度 | 50 | 80 | 100 |
| 完整面ᵃ 不得少于 | 二条面和二顶面 | 一条面和一顶面 | — |
| 颜色 | 基本一致 | — | — |

注：为装饰而施加的色差、凹凸纹、拉毛、压花等不算作缺陷。

　　a. 凡有下列缺隐之一者，不得称为完整面。

　　a) 缺损在条面或顶面上造成的破坏面尺寸同时大于 10mm×10mm。

　　b) 条面或顶面上裂纹宽度大于 1mm,其长度超过 30mm。

　　c) 压陷、粘底、焦花在条面或顶面上的凹陷或凸出超过 2mm,区域尺寸同时大于 10mm×10mm。

**表 3 强度** （单位：兆帕）

| 强度等级 | 抗压强度平均值 $\bar{f}$ ≥ | 变异系数 δ≤0.21 强度标准值 $f_k$ ≥ | 变异系数 δ>0.21 单块最小抗压强度值 $f_{min}$ ≥ |
|---|---|---|---|
| MU30 | 30.0 | 22.0 | 25.0 |
| MU25 | 25.0 | 18.0 | 22.0 |
| MU20 | 20.0 | 14.0 | 16.0 |
| MU15 | 15.0 | 10.0 | 12.0 |
| MU10 | 10.0 | 6.5 | 7.5 |

b. 严重风化区中的 1、2、3、4 地区的砖必须进行冻融试验,其他地区砖的抗风化性能符合表 4 规定时可不做冻融试验,否则,必须进行冻融试验。

**表 4 抗风化性能**

| 砖种类 | 严重风化区 | | | | 非严重风化区 | | | |
|---|---|---|---|---|---|---|---|---|
| | 5h沸煮吸水率(%)≤ | | 饱和系数≤ | | 5h沸煮吸水率(%)≤ | | 饱和系数≤ | |
| | 平均值 | 单块最大值 | 平均值 | 单块最大值 | 平均值 | 单块最大值 | 平均值 | 单块最大值 |
| 黏土砖 粉煤灰砖ª | 18 21 | 20 23 | 0.85 | 0.87 | 19 23 | 20 25 | 0.88 | 0.90 |
| 页岩砖 煤矸石砖 | 16 | 18 | 0.74 | 0.77 | 18 | 20 | 0.78 | 0.80 |

注 a:粉煤灰掺入量(体积比)小于 30%时,按黏土砖规定判定。

c. 冻融试验后,每块砖样不允许出现裂纹、分层、掉皮、缺棱、掉角等冻坏现象;质量损失不得大于 2%。

(5)泛霜。每块砖样应符合下列规定。

优等品:无泛霜;

一等品:不允许出现中等泛霜;

合格品:不允许出现严重泛霜。

(6)石灰爆裂。优等品:不允许出现最大破坏尺寸大于 2mm 的爆裂区域。

1)一等品:

a. 最大破坏尺寸大于 2mm 且小于等于 10mm 的爆裂区域,每组砖样不得多于 15 处。

b. 不允许出现最大破坏尺寸大于 10mm 的爆裂区域。

2)合格品:

a. 最大破坏尺寸大于 2mm 且小于等于 15mm 的爆裂区域,每组砖样不得多于 15 处。其中大于 10mm 的不得多于 7 处。

b. 不允许出现最大破坏尺寸大于 15mm 的爆裂区域。

(7)欠火砖、酥砖和螺旋纹砖。产品中不允许有欠火砖、酥砖和螺旋纹砖。

(8)配砖和装饰砖。配砖和装饰砖技术要求应符合附录 A 的规定。

(9)放射性物质。砖的放射性物质应符合 GB6566 的规定。

6. 试验方法

(1)尺寸偏差。检验样品数为 20 块,按 GB/T2542 规定的检验方法进行。其中每一尺寸测量不足 0.5mm 按 0.5mm 计,每一方向尺寸以两个测量值的算术平均值表示。

样本平均偏差是 20 块试样同一方向 40 个测量尺寸的算术平均值减去其公称尺寸的差值,样本极差是抽检的 20 块试样中同一方向 40 个测量尺寸中最大测量值与最小测量值之差值。

(2)外观质量。按 GB/T2542 规定的检验方法进行。颜色的检验:抽试样 20 块,装饰面朝上随机分两排并列,在自然光下距离试样 2m 处目测。

(3)强度。

1)强度试验:按 GB/T2542 规定的方法进行。其中试样数量为 10 块,加荷速度为(5±0.5)kN/s。试验后按式(1)、式(2)分别计算出强度变异系数 $\delta$、标准差 $s$。

$$\delta = \frac{s}{\bar{f}} \tag{1}$$

$$s = \sqrt{\frac{1}{9} \sum_{i=1}^{10} (f_t - \bar{f})^2} \tag{2}$$

式中　$\delta$——砖强度变异系数,精确至 0.01;

$s$——10 块试样的抗压强度标准差,单位为兆帕(MPa),精确至 0.01;

$\bar{f}$——10 块试样的抗压强度平均值,单位为兆帕(MPa),精确至 0.01;

$f_t$——单块试样抗压强度测定值,单位为兆帕(MPa),精确至 0.01。

2)结果计算与评定:

a. 平均值-标准值方法评定

变异系数 $\delta \leqslant 0.21$ 时,按表 3 中抗压强度平均值 $\bar{f}$、强度标准值 $f_k$ 评定砖的强度等级。

样本量 n=10 时的强度标准值按式(3)计算。

$$f_k = \bar{f} \cdot 1.8s \tag{3}$$

式中　$f_k$——强度标准值,单位为兆帕(MPa),精确至 0.1。

b. 平均值—最小值方法评定

变异系数 $\delta > 0.21$ 时,按表 3 中抗压强度平均值 $f$、单块最小抗压强度值 $f_{min}$ 评定砖的强度等级,单块最小抗压强度值精确至 0.1MPa。

(4)冻融试验。试样数量为 5 块,按 GB/T2542 规定的试验方法进行。

(5)石灰爆裂、泛霜、吸水率和饱和系数试验。按 GB/T2542 规定的试验方法进行。

(6)放射性物质。按 GB6566 规定的试验方法进行。

7. 检验规则

(1)检验分类。产品检验分出厂检验和型式检验。

1)出厂检验:出厂检验项目为:尺寸偏差、外观质量和强度等级。每批出厂产品必须进行出厂检验,外观质量检验在生产厂内进行。

2)型式检验:型式检验项目包括本标准技术要求的全部项目。有下列之一情况者,应进行型式检验。

a. 新厂生产试制定型检验;

b. 正式生产后,原材料、工艺等发生较大改变,可能影响产品性能时;

c. 正常生产时,每半年进行一次(放射性物质一年进行一次);

d. 出厂检验结果与上次型式检验结果有较大差异时;

e. 国家质量监督机构提出进行型式检验时。

(2)批量。检验批的构成原则和批量大小按 JC/T466 规定。3.5 万～15 万块为一批,不足 3.5 万块按一批计。

(3)抽样。

a. 外观质量检验的试样采用随机抽样法,在每一检验批的产品堆垛中抽取。

b. 尺寸偏差检验和其他检验项目的样品用随机抽样法从外观质量检验后的样品中抽取。

c. 抽样数量按表 5 进行。

**表 5　抽样数量**　　　　　　　　　　　　(单位:块)

| 序号 | 检验项目 | 抽样数量 |
|------|----------|----------|
| 1 | 外观质量 | $50(n_1 = n_2 = 50)$ |
| 2 | 尺寸偏差 | 20 |
| 3 | 强度等级 | 10 |
| 4 | 泛霜 | 5 |

**续表5**

| 序号 | 检验项目 | 抽样数量 |
|------|----------|----------|
| 5 | 石灰爆裂 | 5 |
| 6 | 吸水率和饱和系数 | 5 |
| 7 | 冻融 | 5 |
| 8 | 放射性 | 4 |

(4)判定规则。

1)尺寸偏差:尺寸偏差符合表1相应等级规定,判尺寸偏差为该等级。否则,判不合格。

2)外观质量:外观质量采用JC/T466二次抽样方案,根据表2规定的质量指标,检查出其中不合格品数 $d_1$,按下列规则判定:

$d_1 \leqslant 7$ 时,外观质量合格;

$d_1 \geqslant 11$ 时,外观质量不合格;

$d_1 > 7$,且 $d_1 < 11$ 时,需再次从该产品批中抽样50块检验,检查出不合格品数 $d_2$,按下列规则判定:

$(d_1 + d_2) \leqslant 18$ 时,外观质量合格;

$(d_1 + d_2) \geqslant 19$ 时,外观质量不合格。

3)强度:强度的试验结果应符合表3的规定。低于MU10判不合格。

4)抗风化性能:抗风化性能应符合5.4的规定。否则,判不合格。

5)石灰爆裂和泛霜:石灰爆裂和泛霜试验结果应分别符合5.5和5.6相应等级的规定。否则,判不合格。

6)放射性物质:放射性物质应符合5.9的规定。否则,判不合格,并停止该产品的生产和销售。

7)总判定:

a. 出厂检验质量等级的判定按出厂检验项目和在时效范围

内最近一次型式检验中的抗风化性能、石灰爆裂及泛霜项目中最低质量等级进行判定。其中有一项不合格，则判为不合格。

b. 型式检验质量等级的判定中，强度、抗风化性能和放射性物质合格，按尺寸偏差、外观质量、泛霜、石灰爆裂检验中最低质量等级判定。其中有一项不合格则判该批产品质量不合格。

c. 外观检验中有欠火砖、酥砖和螺旋纹砖则判该批产品不合格。

8. 标志、包装、运输和储存

（1）标志。产品出厂时，必须提供产品质量合格证。产品质量合格证主要内容包括：生产厂名、产品标记、批量及编号、证书编号、本批产品实测技术性能和生产日期等，并由检验员和承检单位签章。

（2）包装。根据用户需求按品种、强度、质量等级、颜色分别包装，包装应牢固，保证运输时不会摇晃碰坏。

（3）运输。产品装卸时要轻拿轻放，避免碰撞摔打。

（4）储存。产品应按品种、强度等级、质量等级分别整齐堆放，不得混杂。

附录 A、附录 B 略。

# 附录 2　常用单位及其换算

**表 6　长度**

| 单位 | 公　制 | | | | 中国市制 | | 英　制 | | |
|------|------|------|------|------|------|------|------|------|---|
| | 微米 | 毫米 | 厘米 | 米 | 市尺 | 市寸 | 英尺 | 英寸 | |
| 旧称 | | 公厘 | 公分 | 公尺 | | | 尺 | 寸 | 1公里=1000米=2市里 |
| 代号 | μm | mm | cm | m | | | ft | in | 1市寸=1.31英寸=3.33厘米<br>1英寸=25.4厘米=0.76市寸 |
| 换算 | 1000000 | 1000 | 100 | 1 | 3 | 30 | 3.28 | 39.37 | 1毫米=1000微米=1000000纳米 |
| | 333 333 | 333.33 | 33.33 | 0.33 | 1 | 10 | 1.09 | 13.12 | |

## 表7 重量

| 单位 | 公制 | | | | 中国市制 | | | |
|---|---|---|---|---|---|---|---|---|
| | 微克 | 毫克 | 克 | 千克(公斤) | 市斤 | 市两 | 市钱 | |
| 代号 | μg | mg | g | kg | | | | 1吨(t)=1000公斤(kg) |
| | | | | | | | | 1英镑(lb)=0.45kg=0.91市斤 |
| 换算 | 1000000 | 1000 | 1 | 0.001 | 0.002 | 0.02 | 0.2 | |
| | 1000000000 | 1000000 | 1000 | 1 | 2 | 20 | 200 | |

## 表8 面积

| 单位 | 公制 | | | |
|---|---|---|---|---|
| | 毫米$^2$(平方毫米) | 厘米$^2$(平方厘米) | 米$^2$(平方米) | |
| 代号 | mm$^2$ | cm$^2$ | m$^2$ | 1公顷=10 000m$^2$=15市亩 |
| | | | | 1市亩=666.67m$^2$(平方米) |
| 换算 | 1 000 000 | 10 000 | 1 | 1平方公里=1000 000平方米(m$^2$) |
| | 100 | 1 | 0.0001 | |

## 表9 时间

| 单位 | 秒 | 分 | 时 | 日(天) | 年 |
|---|---|---|---|---|---|
| 代号 | s | min | h | d | a |
| 换算 | 60 | 1 | 0.017 | $6.944\times10^{-4}$ | $1.901\times10^{-6}$ |
| | 3600 | 60 | 1 | 0.042 | $1.14\times10^{-4}$ |
| | 86 400 | 1440 | 24 | 1 | $2.74\times10^{-3}$ |
| | 31 556 926 | 525 948.8 | 8765.8 | 365 | 1 |

表 10　温度

| 单位 | 摄氏度 | 华氏度 | 开氏度 |
|------|--------|--------|--------|
| 代号 | ℃ | ℉ | K |
| 换算 | ℃ | $\frac{9}{5}℃+32$ | $℃+273.15$ |
| | $\frac{5}{9}(℉-32)$ | ℉ | $\frac{5}{9}(℉+459.67)$ |
| | $K-273.15$ | $\frac{9}{5}K-459.67$ | K |

表 11　压力

| 单位 | 帕斯卡 | 毫米水柱 | 毫米汞柱 | 大气压 | 公斤/厘米² |
|------|--------|----------|----------|--------|------------|
| 代号 | Pa | $mmH_2O$ | mmHg | atm | $kg/cm^2$ |
| 换算 | 98 100 | 10 010 | 735.53 | 0.9678 | 1 |
| | 101 325 | 10 333 | 760 | 1 | 1.033 |
| | 133 | 13.6 | 1 | 0.001 31 | 0.001 36 |
| | 9.8 | 1 | 0.074 | 0.00009 | 0.0001 |

表 12　功率

| 单位 | 千瓦 | 千卡 | 马力 |
|------|------|------|------|
| 代号 | kW | kcal/s | (英制) |
| 换算 | 1 | 0.2391 | 1.3596 |
| | 4.182 | 1 | 5.6859 |

### 表 13　热单位

| 单位 | 焦耳 | 千焦 | 兆焦 | 瓦·时 | 千瓦·时 | 卡 | 千卡 |
|---|---|---|---|---|---|---|---|
| 代号 | J | kJ | MJ | W·h | kW·h | cal | kcal |
| | 1 | 0.001 | 0.000 001 | 0.00028 | 0.000 000 278 | 0.239 | 0.000 239 |
| | 1000 | 1 | 0.001 | 0.28 | 0.000 278 | 238.85 | 0.238 |
| | 1000 000 | 1000 | 1 | 277.78 | 0.278 | 238 850 | 238.85 |
| 换算 | 3600 | 3.6 | 0.0036 | 1 | 0.001 | 859.85 | 0.859 |
| | 3600 000 | 3600 | 3.6 | 1000 | 1 | 869 850 | 859.8 |
| | 4.18 | 0.0042 | 0.000 0042 | 0.001 163 | 0.000 001 163 | 1 | 0.001 |
| | 4186.8 | 4.18 | 0.0042 | 1.163 | 0.001 163 | 1000 | 1 |

# 附录 3　常用化学元素表

### 表 14　常用化学元素表

| 原子序号 | 1 | 11 | 19 | 12 | 20 | 25 | 26 | 29 | 79 | 13 | 6 | 14 | 7 | 15 | 8 | 16 | 9 | 17 |
|---|---|---|---|---|---|---|---|---|---|---|---|---|---|---|---|---|---|---|
| 元素名称 | 氢 | 钠 | 钾 | 镁 | 钙 | 锰 | 铁 | 铜 | 金 | 铝 | 碳 | 硅 | 氮 | 磷 | 氧 | 硫 | 氟 | 氯 |
| 符　号 | H | Na | K | Mg | Ca | Mn | Fe | Cu | Au | Al | C | Si | N | P | O | S | F | Cl |
| 原子量 | 1 | 23 | 39 | 24.3 | 40 | 55 | 55.8 | 63.5 | 197 | 27 | 12 | 28 | 14 | 31 | 16 | 32 | 19 | 35.4 |

# 附录 4　倍单位和分单位的词冠名称与代号

### 表 15　倍单位和分单位的词冠名称与代号

| 因　数<br>(与主单位的关系) | 词冠中文名称 | 国际代号 | 音译中文名称 |
|---|---|---|---|
| $10^{18}$ | 亿 | E | 艾 |

**续表15**

| 因　数（与主单位的关系） | 词冠中文名称 | 国际代号 | 音译中文名称 |
|---|---|---|---|
| $10^{15}$ | 千兆兆 | P | 拍 |
| $10^{12}$ | 兆兆（万亿） | T | 太 |
| $10^{9}$ | 千兆（十亿） | G | 吉 |
| $10^{6}$ | 兆（百万） | M | |
| $10^{3}$ | 千 | k | |
| $10^{2}$ | 百 | h | |
| $10^{1}$ | 十 | da | |
| 1 | 个（主单位） | | |
| $10^{-1}$ | 分 | d | |
| $10^{-2}$ | 厘 | c | |
| $10^{-3}$ | 毫 | m | |
| $10^{-4}$ | 丝 | | |
| $10^{-5}$ | 忽 | | |
| $10^{-6}$ | 微 | $\mu$ | |
| $10^{-9}$ | 毫微 | n | 纳 |
| $10^{-12}$ | 微微 | p | 皮 |
| $10^{-15}$ | 毫微微 | f | 飞 |
| $10^{-18}$ | 微微微 | a | 阿 |

# 附录5　22型制砖机组使用说明书

## 一、规格用途

(1)规格。本机组由挤泥机、手动切条机和手动切坯机组成。泥料需粉碎时另配粉碎机、双轴搅拌机。条件许可的还可配皮带输送机、提升机等机械。

(2)用途。本机组是与"节煤(柴)砖瓦小立窑"配套的湿塑成型制砖专用设备。适用于农村小砖厂和工矿利废制砖以处理固体废渣,还可在建筑工地临时利用挖方废土就近制砖。

(3)适用范围。黏土原料符合《质量管理规程》规定的化学组成和物理性能要求。

(4)环境影响。无废渣、废气排放,有少许废水但可回收利用,噪声不超标。

**二、结构特征与工作原理**

(1)工艺原理。泥料经料斗进入泥缸,经绞刀挤压后推出机口,成为矩形泥条;泥条在切条机上被手拉锯弓切成一定长度后送上切坯台;搬动推杆,推动泥条经钢丝排推出平台时被切成砖坯。

(2)传动原理。电动机(或柴油机)经减速器变降速后,由联轴器带动绞刀轴转动,挤出泥条;料斗下的两个压泥板轴则由绞刀轴上的齿轮传动,实现相对翻转而将泥料压入泥缸。

(结构示意图从略)

**三、主要性能参数**

(1)泥缸直径。Φ220mm。

(2)绞刀转速。小于60r/min。

(3)泥料成型含水率。18%~25%。

(4)生产率。1200块/h。

(5)配用电机功率。15kw。

(6)可与1~5门小立窑配套,最佳配合为3门。

**四、安装调试**

(1)本机组分三台整机出厂、安装在基础上即可试车。

(2)可用条石、砖或混凝土做基础,基础埋深400mm左右。

(3)挤泥机中轴线应成水平状态,距地面高为500~1000mm,以方便操作为度。

(4)切条机和切坯机均应安装在挤泥机的中轴线上,与挤泥机机口(砖咀)挤出泥条底面成一水平面,亦可依次向前倾约 5～10mm。

(5)电机轴与减速机轴不平行度不大于 3mm,两皮带轮应对齐安装,三角皮带应绷紧并使各条的松紧度一致。

(6)调正各部位置,旋紧各螺栓。

(7)向各润滑点注入润滑油,减速箱内以保持机油淹住 2～3 齿为好,滚动轴承注上黄油后应有 1/3～1/2 的空隙,否则增大阻力引起发热。砖咀接通润滑水。

(8)人力攀动皮带轮,主机转动灵活,确认泥缸中无异物后,方可开机。

(9)合上电闸启动电机并仔细观察,如有杂音及其他异常现象,应立即停车予以排除。

(10)空车运转 2～4h,无异常情况后,缓缓加入合格泥料,荷载试车亦应持续 2～4h,且无异常情况后才能投产。

**五、使用**

(1)砖厂必须有合格的机修工。

(2)空机正常运转后方能投料,入机泥团尺寸应不大于 50mm。

(3)切条机滚筒槽内应注满焦油、其他废油或水,保持工作时始终能让滚筒裹满油水。

(4)停机前应先停止投料,等泥缸中的泥料挤出后方可停机。

(5)中途突然停机后,应用人力攀动三角皮带,拖动挤泥机将泥料挤空后方能再次启动,否则容易卡住绞刀。

**六、安全保护**

(1)机房内闲人免进;皮带及输电线路要设置围护栏杆。

(2)禁止用铁锹及其他硬物在料斗中戳捣泥团,以免伤人或卡紧而损坏机器;同理,泥料中不得混入金属或硬石片等物。

（3）联轴器同时又兼有保险作用。当出现传动系统卡死时，联轴器随即破裂，以保护主机。

（4）任何时候发生杂音及其他异常现象，应立即停车检查，不得继续运行。

**七、保养、维护**

（1）经常检查润滑部位并及时补足润滑油。

（2）泥料入机后严禁主轴反转，防止泥料挤进绞刀轴的端盖轴承盒内。

（3）正常生产一段时期以后，发现出砖率明显减少时，应检查绞刀与泥缸的间隙，如果大于 5~10mm 即应补焊至小于 2.5mm。

（4）长期停机，应除去泥缸中的泥料、涂油并防雨水，尤其是机口铁皮必须内外涂油（易损件的替换从略）。

# 附录6　节煤小立窑质量管理规程

### 第一章　总则

**第一条** 为加强小立窑烧结砖厂的质量管理，使产砖质量稳定，参照国家建筑材料工业局颁布的《烧结砖瓦企业质量管理规程》，结合小立窑的特点制定本规程。

**第二条** 本规程只适用于小立窑烧结砖厂。

**第三条** 厂领导和职工都要不断强化质量意思，坚持"质量第一，用户至上"的宗旨。加强生产过程的质量控制和检验，及时排除影响质量的因素，确保原料、燃料、砖坯和红砖都符合技术要求。出厂的砖都符合国家标准《烧结普通砖 GB5101—2003》的规定。

**第四条** 厂长对产品质量全面负责，职工的收入应与"质量第一"的方针挂钩。把产砖质量与职工的荣誉和物质利益结合起来，使产砖质量指标具有一票否决权。

## 第二章　质量管理制度

**第五条** 全厂职工要培养对原料和燃料的外观识别能力,并留意观察,发现异常情况,要及时向技术负责人反映。不断提高全体职工的预见性和防范能力,使生产过程始终处于受控状态中。

**第六条** 各工序都要检验上一道工序送来的半成品,验收后就应对上工序承担工资担保责任;不合格的应拒绝接收。

**第七条** 焙烧车间必须建立生产记录制度。原始记录是生产管理和质量控制的生产技术档案,要认真、如实填写,记录人签字。一般情况下要作为保密档案妥善保存。

**第八条** 出现生产事故,应及时采取果断措施,并同时上报技术负责人。事后要对发生的情况、进行事故原因分析,并对处理方法及处理结果作详细的记录。

**第九条** 出窑红砖要分质堆码,按质量分等数量计发工资。合格品计酬,等外品不计酬。废品赔偿上工序的工资。坚持"一切都用质量数据说话"。

**第十条** 全厂职工都有互相监督的义务,并应注意收集用户意见,及时向厂领导反映,企业对成绩突出的职工要给予精神和物质奖励。

## 第三章　原燃料的质量管理

**第十一条** 原燃料必须符合技术要求,办厂前应进行化验,并先行试烧。

1. 原料

表 16　黏土原料的化学成分要求范围

| 成分 | $SiO_2$ | $Al_2O_3$ | $Fe_2O_3$ | CaO | MgO | $SO_3$ | $K_2O+Na_2O$ | 烧失量 |
|------|---------|-----------|-----------|-----|-----|--------|--------------|--------|
| % | 50~80 | 10~25 | 2~15 | 0~15 | 0~3 | 0~3 | 1~5 | 3~15 |

**表 17　制砖泥料颗粒组成**

| 粒　度 | 最大颗粒 | ＞0.02mm | 0.002～0.02mm | ＜0.002mm |
|---|---|---|---|---|
| 适　宜 | ＜3mm | 5％～25％ | 45％～60％ | 15％～30％ |
| 允　许 | ＜2mm | 2％～28％ | 40％～80％ | 10％～15％ |

(1)塑性指数。7～15。

(2)干燥敏感系数。＜2。

(3)干燥线收缩度。3％～8％。

(4)烧成温度。850～1150℃。

(5)烧结温度范围。＞50℃(最少＞30℃)。

(6)焙烧收缩率。2％～5％。

(7)煤矸石做原料时,其发热量大于 700kJ/kg 的,应掺配页岩或黏土。

2. 燃料煤

(1)含硫量宜小于 2％,挥发分宜小于 20％。

(2)含水量。4％～6％。

(3)粒度与黏土原料应相对一致,外燃煤应筛分为粉煤(0～6mm)、粒煤(6～13mm)及小块煤(13～25mm),分批单独使用。

3. 内燃料

(1)粒度宜小于 3mm,其中 2mm 以下的大于 80％。

(2)煤矸石、煤渣、粉煤灰等进厂时,要分批薄层堆积,从垂直方向取用。原则上应分堆化验其发热量,尤其是在黑颜色的深浅明显变化时。

(3)掺配内燃料,发热量要稳定、固定设备和方法、固定人员。

(4)小立窑无引排余热设施,不能进行超内燃焙烧。砖坯含热量程度宜采用半内燃工艺。

(5)内燃料应充分拌匀。任何两块砖坯含热量之差小于10％。

(6)不得用高挥发分的烟煤、生物质燃料作内燃料。

表18　每块砖坯内燃含热量

| 内 燃 程 度 | 半 内 燃 | 全 内 燃 |
|---|---|---|
| 黏土砖坯含热量(MJ/砖) | <1.25(<300kcal) | 1.67(400kcal) |
| 页岩砖坯含热量(MJ/砖) | <1.67(<400kcal) | 2.09(500kcal) |

## 第四章　砖坯质量管理

**第十二条** 成型砖坯含水率应每天抽查一次。

表19　砖坯成型含水率

| 成型方式 | 软塑挤出成型 | | 半硬塑挤出成型 | 半干压成型 |
|---|---|---|---|---|
| | 自然干燥 | 人工干燥 | | |
| 含水率(%) | ≤25 | ≤22 | ≤17 | ≤16 |

**第十三条** 入窑含水率必须密切注意

(1)入窑含水率最多也应低于6%～8%。

(2)含水率检测计算公式。

$$绝干砖坯重＝出窑砖重×(1＋烧失量)$$

$$入窑砖坯重＝绝干砖坯重×(1＋入窑含水率)$$

$$成型湿坯重＝绝干砖坯重×(1＋成型含水率)$$

**第十四条** 砖坯外观尺寸应以烧成红砖后的标准尺寸为准(长240mm、宽115mm、厚53mm)。

$$入窑砖坯尺寸＝红砖尺寸×(1＋焙烧线收缩率)$$

(一)砖坯外观指标

按国家标准《砌墙砖检验方法 GB2542－1992》进行检测:

(1)尺寸偏差以红砖合格品为准,不得超过长±8mm、宽±7mm、厚±6mm。

(2)两个条面的厚度差小于4mm。

(3)弯曲小于 4mm。

(4)杂质在砖坯面上造成的凸出高度小于 4mm。

(5)缺棱掉角的三个破坏尺寸,不得同时大于 30mm。

(6)任何面上不得有超标的裂纹。

(二)入窑砖坯合格率应大于 95％

**第十五条** 码窑的总原则:

(一)码窑方法

(1)码窑密度。360～500 块/m³。

(2)大面贴紧窑壁,顶面距窑壁 10～15mm。

(3)每组宜为四层,其中三层为正规层,一层为炉孔层。

(4)正规层为 4 行×12～17 块,各行间顶面挤紧,大面间距要基本均匀。

(5)炉孔层的炉孔要横直、均匀。

(二)燃煤应在同一粒度范围

(1)码坯后均匀撒煤,并扫进砖坯缝内。

(2)撒煤应边多中少,半内燃焙烧时中部可不撒煤,全内燃时不加外燃煤。

**第十六条** 焙烧过程要控制五带(干燥、预热、烧成、保温、冷却)平衡。

(1)干燥带砖坯上不得出现凝露现象。

(2)预热带窑壁可见红处,控制在窑上口以下 1～1.5m 处。

(3)一般烧成温度 950～1050℃。

(4)冷却带高度不低于 1.5m。

### 第五章　红砖质量管理

**第十七条** 产砖质量应按随意抽样送检,按标号和外观质量分等出厂。

**表20 砖的外观质量分等指标**

| 项 目 | 优等品 | | 一等品 | | 合格品 | |
|---|---|---|---|---|---|---|
| (1)尺寸偏差不超过 | 平均偏差 | 样本极差≤ | 平均偏差 | 样本极差≤ | 平均偏差 | 样本极差≤ |
| 长 度 | ±2 | 6 | ±2.5 | 7 | ±3 | 8 |
| 宽 度 | ±1.5 | 5 | ±2 | 6 | ±3.5 | 7 |
| 高 度 | ±1.5 | 4 | ±1.6 | 5 | ±2 | 6 |
| (2)两个条面的厚度相差不大于 | 2 | | 3 | | 4 | |
| (3)弯曲不大于 | 2 | | 3 | | 4 | |
| (4)杂质在砖面上造成的凸出高度不大于 | 2 | | 3 | | 4 | |
| (5)缺棱掉角的三个破坏尺寸不得同时大于 | 15 | | 20 | | 30 | |
| (6)裂纹长度不大于 | | | | | | |
| a. 大面上宽度方向及其延伸到条面的长度 | 30 | | 60 | | 80 | |
| b. 大面上长度方向及其延伸到顶面的长度或条、顶面上水平裂纹的长度 | 50 | | 80 | | 100 | |
| (7)完整面不得少于 | 一条面和一顶面 | | | | | |
| (8)颜色(一条面和一顶面) | 基本一致 | | | | | |

注:完整面:要求裂缝宽度中有大于1mm的长度不得超过30mm。缺棱掉角在条顶面或顶面上造成的破坏面尺寸不得同时大于10mm×10mm,压陷、粘底、焦花在条面或顶面上的凹陷或凸出不得超过2mm,区域尺寸不得时时大于10mm×10mm。

**第十八条** 砖的抗冻、泛霜、石灰爆裂和吸水率试验符合GB5101—2003的规定。

**第十九条** 砖的强度应以国家权威部门检测为准,明显的欠火砖、酥砖、大裂纹和哑音砖等不得混进合格品出厂。

# 附录7 湿黏土锤式破碎机与除石机使用说明书

**一、用途**

主要用于制砖湿黏土和冻土的中细碎及除石,也可用于工业废渣、干黏土、煤及其他软质物料的破碎与除石作业。

是湿黏土掺配内燃料、黏土掺配废渣制砖、冻土制砖和含石黏土制砖的高效、价廉的最佳设备。

**二、构造和工作原理**

由机壳、转子和锤片组成:除石时底部外接敞开式流筛,在电动机或柴油机的拖动下,转子高速旋转、转子上的锤片产生巨大的冲击力。黏土受锤片的冲击切割而被破碎,除石时破碎的土粒从筛缝漏下,石块则从筛面上流出。

**三、主要技术参数**

表21 主要技术参数

| 型 号 | 进料粒度 (mm) | 生产率 (t/h) | 转 速 (r/min) | 配用电机 (kW) |
|---|---|---|---|---|
| NP—30 | 80 | 5 | 6000 | 2.2 |
| NP—40 | 100 | 10 | 4000 | 4.0 |
| NP—50 | 120 | 20 | 3400 | 5.5 |
| NP—60 | 140 | 30 | 2800 | 7.5 |
| NP—70 | 160 | 40 | 2400 | 11 |

表22 泥料含水率与出料粒度

| 含水率(干基) | 出料粒度(mm) | | 除石粒度(mm) |
|---|---|---|---|
| | 单 转 子 | 垂直双转子 | |
| 20<30 | <8 | <5 | >20 |
| <20 | <5 | <3 | >6 |

**四、试车**

(1)安装完毕后,用手攀动转子,应灵活转动,机内无异物,检查螺栓、销键等是否固紧,皮带是否松紧适中;轴承油是否注入,确认无异常情况后方可试车。

(2)进料口的正前方和皮带轮的切线方向不得站人;启动后仔细观察有无异常声响、振动、轴承升温不得超过 60℃,无异常情况下空载运行不少于 2h。

(3)空车运转正常后方可荷载作业,首先检查物料应符合进料要求;物料投入后不得有异常声响和震动,轴承升温不得大于过 70℃,各紧固件不得有松动现象,荷载无异常运转时间应持续 2～4h。

**五、运行**

每次作业前首先检查机内有无异物,润滑油是否充足并清洁;每年应清洗轴承一次。

**六、故障及其排除**

表 23　故障及其排除

| 现　象 | | 原因分析 | 排除方法 |
|---|---|---|---|
| 强烈震动 | 安装不良 | 基座不牢 | 加　固 |
| | | 安装不平 | 调　整 |
| | | 基脚螺栓松动 | 拧　紧 |
| | 轴承过热 | 润滑油不良 | 用钙基或钠基油脂,空出轴承容积1/3 |
| | | 油封损坏进入脏物 | 拆洗轴承、换油封 |
| | | 皮带过紧 | 调整电机位置 |
| | | 转速过高 | 调整皮带轮直径 |
| | | 主轴弯曲 | 校直或更换 |
| | | 轴承损坏 | 更　换 |
| | 转子不平衡 | 个别锤头卡住 | 让其灵活 |
| | | 锤头排列不对 | 恢复原样 |
| | | 两排锤头重量差大于 5g | 砂轮打磨减重 |
| | | 主轴弯曲 | 较直或更换 |
| 进料口倒喷 | | 电动机转子反转 | 换接电机的任意两相 |

**续表 23**

| 生产率显著降低 | 电压过低 | 待电源正常后开机 |
|---|---|---|
| | 锤头严重磨损 | 掉头换面、堆焊或更换 |
| | 功率不足 | 检修或更换电机 |
| | 转速过低 | 调整皮带轮直径,张紧三角皮带 |

# 附录8　符合国情的农村和小城镇垃圾处理实用技术

## 符合国情的农村和小城镇垃圾处理实用技术
### ——最价廉高效的垃圾烧砖技术

**摘要**:利用现有红砖厂几乎不再投资就可实现垃圾资源化,配上一些简易技术措施即可实现无害化。

**关键词**:农村垃圾处理　无害化　资源化　价廉高效

建设社会主义新农村治理农村环境污染,启动了全国小型垃圾处理的巨大市场。而且为了彻底消毒灭菌,焚烧成为首选。这个市场的顾客虽多,购买力却有限,对技术商品的性能和价格近乎苛求!只有针对这个特殊的市场需求,提供对路的、性价比很高的,兼具环保性、经济性和可操作性的技术商品才能赢得这个市场。

1. 中国农村和小城镇垃圾的特点

除了东部沿海及个别经济发展较快的地区外,绝大多数农村和小城镇尤其是中西部的垃圾,与城市有很大的差别。此垃圾绝非彼垃圾,不可一概而论。

(1)小城镇及附近农民绝大多数以燃煤为主,煤灰渣和尘土、砖瓦砾等无机物是垃圾的最主要成分。

(2)养殖和沼气池可把厨余等可腐垃圾大量除去,垃圾中可腐物很少。

（3）垃圾中的金属、塑料等废品回收较彻底；木柴等可燃物作了燃料，有的地区甚至连破布和针棉织品等还加工成了床垫，垃圾中可回收物和可燃物也很少。

（4）垃圾总量小而成分多变，随燃料种类、季节的不同而差异很大，难以稳定。

（5）文化素质、生活水平和法制观念相对于城市有一定的差距，特别是分散居住的农村，分类收集垃圾的难度大。

（6）居民经济收入不高，地方政府的财力有限，不能承受大量的处理费用。

2. 垃圾处理技术探寻

对世界成熟的焚烧、堆肥、填埋三大技术而言，我国小城镇和周边农村的垃圾数量少、可燃物少，热值低而不能直接焚烧；可腐物少也不宜堆肥。因为这种堆肥不仅肥效低，还因大量的无机物使土壤沙化，消毒、灭菌不彻底，更带入碎玻璃、砖瓦砾、塑料等将严重污染农田；填埋几乎是普遍采用的方式。

但是，许多所谓的垃圾填埋只不过是集中堆放而已。污染周边大气环境和地下水。世界各国都基本上不允许使用这种处理方法。要真正做到卫生填埋，实现无害化处理和资源化利用，必须防止渗沥水渗漏、渗沥水收集与处理，沼气回收与利用及填埋的分层、消毒、及时覆土、压实等，多因资金不足而难以实现。何况至今我国尚未建立一个垃圾填埋的技术体系，多是想当然进行设计，绝大多数达不到环保要求。

用焚烧灰渣和分类收集的无机物制免烧砖技术，对于虽以无机物为主，但毕竟有少量可腐物和可燃物等有机成分的农村和小城镇垃圾也不适用。何况只有焚烧才能彻底消毒灭菌。

那么真是无计可施了吗？结论是否定的。

3. 垃圾烧砖技术浮出水面

1988 年以后数十个城市在制砖泥料中加入 30%～80% 的腐熟垃圾烧出了垃圾砖。而且烧成的红砖能达到普通烧结砖的国家质量标准。不仅可以节土 30%～80%、节煤 10%～30%，而且在同等强度下比普通红砖轻 20% 左右，可以减轻建筑物自重，降低基础投资，并有隔音和隔热保温性能。比普通建筑红砖性能优越；与其他新型建材相比，垃圾烧结砖的化学稳定性强、价廉、施工方便、维修费用低；比免烧砖更经久耐用。但由于垃圾砖生产毕竟增加了加工量，生产成本比普通红砖高，不能参与普通红砖市场的自由竞争，生产厂家自无回天之力，只好放弃垃圾砖生产。

建设社会主义新农村和农村污染治理相关政策的出台，铺就了农村和小城镇生活垃圾处理产业的市场化道路。垃圾烧砖技术发展的春天已经到来。

### 4. 垃圾烧砖技术要点

围绕烧结普通砖（建筑红砖）生产，无机垃圾和焚烧灰加入泥料一并制砖，可腐垃圾和渗沥水变沼气后与可燃垃圾烧砖；焚烧烟气在砖窑内燃尽，热利用并净化后达标排放（图 1）。

（1）可处理混合垃圾。原生混合垃圾成分简单，可由人工简易粗分即可直接进行处理，不必分类收集（图 2）。

（2）无机垃圾和焚烧灰作制砖黏土的掺加

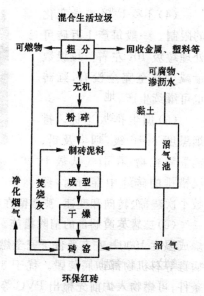

**图 1　垃圾烧砖工艺流程**

料。干的可用普通干式粉碎机械,湿的可用轮碾机粉碎后加入制砖泥料(图3)。

(3)可腐物、渗沥水产沼气。沼气引入砖窑的烧成带,可燃垃圾从窑上的投煤口处入炉用于烧砖(图4)。

**图2 从火眼投进可燃垃圾**

**图3 轮辗无机垃圾**

(4)不受垃圾减量变化的限制。一般每产1万砖可处理垃圾10t左右。垃圾数量减少甚至完全没有,红砖也可继续生产。

(5)烟尘排放达标。排烟黑度1～0级,烟尘及铅、镉等颗粒物,在烟气从数十层错排的砖缝中穿行时,经

**图4 垃圾粗分为无机物和可燃物**

数十次碰撞、转向和变速,被截留在窑内。

(6)二恶英及病毒的消除措施。焚烧烟气进入砖窑后,在砖的烧成温度1000℃左右条件下完全燃烧,不排放黑烟,CO和细菌、病毒等有机物都彻底焚毁。优于815.6℃停留2s的二恶英销毁条件;可燃物入炉前先检出PVC等聚氯乙烯塑料等物质,从源头上控制氯源,并将烟气迅速从400℃降到200℃以下排烟,可以防

止二恶英的再合成。所以消毒最彻底。

(7)脱硫、脱硝、脱氯、脱氟。$SO_2$、$HCI$、$HF$ 与制砖泥料和窑灰中(或添加)的钙氧化物反应,被固定在窑内,不再随烟气排出。炉内温度小于 1300℃可避免温度型 NOx 的产生,当将焚烧后的烟气送入窑时即成为两段燃烧,还可以抑制燃料型 NOx 的生成。

(8)可焚烧医疗垃圾。砖窑可以在 1000℃左右条件下,有效地处理医院垃圾。

(9)设备投资很少。砖窑不仅可以是垃圾砖的焙烧装置,又是垃圾辅助燃烧装置,也是焚烧热利用装置,还是细菌和病毒的消毒装置,更是焚烧烟气的净化装置,一窑身兼五职(不建焚烧炉时还是垃圾焚烧装置)。大大节省了设备投资。投资额仅为焚烧发电装置的 1%左右。

现有粉碎设备和沼气池的红砖厂,不需再添(最好用红砖建一座简易焚烧炉)即可处理垃圾。

(10)不赔运行费、利润丰厚。处理工作简单,渗沥水处理、烟气净化都不花钱,处理运行费很少,卖红砖抵消运行费还可有盈余,收取的垃圾处理费和减免的税费全是纯利润。

(11)节能省土且垃圾砖质量好。无机垃圾都用作制砖原料(砖瓦砾粉碎后亦可使用),可节省制砖泥料;可燃物和可腐物产生的沼气用于烧砖可节煤;常规烧砖主要是将砖坯烧出玻璃相物质,以粘接黏土物而产生强度,所以垃圾的碎玻璃可增加垃圾砖的强度。这就是垃圾砖强度高的关键所在。垃圾砖实样检测抗压强度一般可大于 15Mpa(图 5)。

(12)机械化程度可高可低。资金少的可少用机械,增加一些工人即可,能灵活掌握。

(13)将可腐物垃圾堆肥后加入泥料制砖是个错误。作者曾倡导过这种做法,但随着研究的深入认识到这是一个严重的错误。将可腐物(或堆肥)及渗沥水直接加入制砖泥料,在砖窑预热带从

105～160℃时可腐物有机质开始大量析出挥发分,直到 600℃左右开始燃烧前的数小时内,挥发分无燃烧条件,都随烟气排出。最少要浪费可腐物 70%的热值,何况挥发分的主要成分 $CH_4$ 比 $CO_2$ 的温室效应潜能大20倍,造成严重的大气污染。显然是错误的做法,应予禁止。

**图5　垃圾砖出窑**

5. 垃圾烧砖实施的可行性

凡是有制砖黏土的地方都适用本技术,现有即使是最简陋的红砖厂,只需添置轮碾筛分机械即成为垃圾烧砖厂。国家规定:掺入 30%以上的垃圾生产出的垃圾砖即属新型建筑材料。

国家已明令逐步禁止使用黏土实心砖,生产垃圾砖可享受减免税和贷款等扶持政策。本技术由多个成熟技术集成,特别是我国已基本上普及了内燃烧砖技术,使用本技术不存在技术风险又容易掌握,推广本技术政府不必投资,砖厂很容易技改,又有利可图,尤其是现在制砖黏土资源少,能源紧张的情况下,很容易被砖厂接受。

国家规定 2010 年城市全面禁用黏土实心砖后,力争把红砖的产能控制在 4000 亿块/年以下,尚有年处理 4 亿吨垃圾的产能,处理农村和小城镇垃圾绰绰有余。而我国目前城市清运垃圾才 1.5 亿吨/年。很显然,如果如法炮制,在市郊砖厂处理城市垃圾,又何尝不可以为大城市的垃圾处理减负呢。

# 附录9　污水污泥直接用于制烧结砖既浪费能源又污染环境

## 污水污泥直接用于制烧结砖既浪费能源又污染环境

**摘要:**污水污泥可以有条件地用于烧砖。如果直接用作制砖泥料或添加料时,其有机质的挥发分在砖窑预热带析出,白白随烟气排出大气,损失70%的热值,并造成严重的甲烷二次污染。

**关键词:**污水污泥　烧结砖　有机质挥发分　甲烷　热值　温室效应

国外对污水污泥制烧结砖等烧结建材制品进行了较多的研究,美、德、日、英、新加坡等国都已有用污水污泥焚烧灰制烧结砖的生产实例。我国从20世纪90年代起也有一些单位进行过建材利用的试验。

1. 污泥制烧结砖有巨大的诱惑力

我国生产建筑红砖的烧结砖厂遍布全国各地,目前年产6000亿块标准砖。即使到2010年全国大中城市全面禁止使用黏土实心砖后,国家规划建筑红砖的产量,还要"力争"控制在每年4000亿块标准砖以内。年需用干黏土多达10亿吨。我国城市都建成生活污水处理厂后可年产干污水污泥0.1亿吨左右,仅占制砖泥料的1%。确实具有巨大的消纳空间。

有的污水处理厂已经开始了用污水污泥制烧结砖,进行"资源化处理"的实践。是将污水污泥按一定的比例掺入制砖泥料中并烧出了质量合格的建筑红砖。污水污泥中的无机物质可以代替部分黏土、有机物质的燃烧热可以节煤,被认为是一种"充分利用污水污泥热值"的好方法。污水处理厂更认为,把污水污泥直接交给烧结砖厂代为处理,按每吨含水率为80%的污水污泥向砖厂支付

20～30 元就完事。这是最省事、最合算的，污水处理厂避免了污水污泥的环境污染，收取的污水污泥处理费还有钱赚；烧结砖厂又节煤省土，实现了"双赢"，是双方都乐于接受的好方法！

真是这样吗？我们不妨来一番科学地审视。

2. 一般污泥可以作制砖原料

江河、淡水湖泊、池塘、水库的淤泥、矿山污泥、城市上水污泥及其他不含或很少含有机质的污泥，其固体物质主要是黏土矿物。只要其化学成分(表 24)和物理性能在烧结黏土砖的允许范围内，都可以直接用作制砖的泥料。即使化学成分或物理性能(表 25)有些指标超出了允许范围，还可以采用掺配黏土及其他添加料的办法，使其达标后用作制砖泥料。

表 24 烧结砖黏土原料化学成分

| 项　目 | 适宜范围 | 允许范围 | 作　用 |
|---|---|---|---|
| $SiO_2$ | 55%～70% | 50%～80% | ＞70%成型塑性和制品强度降低 |
| $Al_2O_3$ | 10%～20% | 5%～25% | ＜10%砖强度低，＞20%强度高但煤耗大 |
| $Fe_2O_3$ | 3%～10% | 2%～15% | ＞10%烧成温度降低 |
| CaO | | 0%～15% | 含量高时缩小烧成温度范围 |
| MgO | | 0%～5% | 一般≤3%，越少越好 |
| $SO_3$ | | 0%～3% | 一般≤1%，越少越好 |
| 烧失量 | | 3%～15% | 结晶水、有机质及挥发性固形物等 |
| 石灰石的粒度 | ＜0.5mm | 0%～25% | 粒度＞2mm易形成酥砖或石灰爆裂 |
| | 2～0.5mm | 0%～2% | |

**表 25　烧结黏土砖原料物理性能**

| 项　目 | | 适宜范围 | 允许范围 | 作　用 |
|---|---|---|---|---|
| 颗粒组成（%） | <0.005mm | 15～30 | 10～50 | 颗粒越细塑性指数越高，但收缩率也越大，干燥敏感系数也高 |
| | 0.005～0.05mm | 45～60 | 40～80 | |
| | >0.05mm | 5～25 | 2～28 | |
| 塑性指数 | | 9～13 | 7～17 | 过低成型困难，过高易生裂纹 |
| 干燥收缩（%） | | | 3～8 | 过大易开裂 |
| 焙烧收缩（%） | | | 2～5 | 过大易出尺寸废品 |
| 干燥敏感系数 | | <1 | <2 | 过高易生干燥裂纹 |
| 烧成温度/℃ | | 950～1050 | | 随矿相及化学组成而不同 |
| 烧成范围/℃ | | >50 | | 越大越好操作，越小越难操作 |

**3. 污水污泥的黏土质成分可作制砖添加料**

污水污泥的无机物主要是黏土矿物。有机物燃烧后留下无机物成为灰即所谓灰分。灰分的化学成分主要随当地土质、饮食和生活习惯及污水污泥稳定化方法的不同而变化。

表 26 列出了国外某地的生活污水污泥灰分的化学组成，与表 24 比较相近，可以掺入制砖泥料中使用。我国尚无污水污泥灰分化学组成的检测报导。

**表 26　污水污泥的灰分化学组成举例（%）**

| 化学组成 | $SiO_2$ | $Al_2O_3$ | $Fe_2O_3$ | $CaO$ | $P_2O_5$ | $Na_2O$ | $MgO$ |
|---|---|---|---|---|---|---|---|
| 1 号样 | 36.2 | 14.2 | 17.9 | 10.0 | 1.5 | 0.7 | 1.5 |
| 2 号样 | 30.3 | 16.2 | 2.8 | 20.8 | 18.4 | 0.6 | 2.5 |

**4. 污水污泥的水分可作制砖成型水**

脱水后的污水污泥一般含水 70%～80%，而砖坯成型含水率一般在 20％以下,若污水污泥掺入量小,以砖坯成型含水量控制污水污泥渗入量即可。若需加大掺入量则需进一步脱水。

5. 污水污泥相当于中低热值煤炭

混合污水污泥一般含有机质 50％～70％,消化污泥可略小于 30％,而初沉污泥可大于 80％。干污水污泥的热值一般为 10～16MJ/kg,低的约为 5MJ/kg,高的大于 20MJ/kg。国家《煤炭发热量分级标准》(GB 15224.3—1994)规定,发热量为 8.50MJ/kg 的煤已进入商品煤行列。《中国节能技术政策大纲》规定"就地利用低热值矿物燃料"。即使是 4.19～6.29MJ/kg 的煤矸石都还可以烧石灰或与好一些的煤混烧,低于 4MJ/kg 的煤矸石、石煤则是制烧结砖的原燃料。国家《可再生能源法》规定:"生物质能,是指利用自然界的植物、粪便以及城乡有机废物转化成的能源",所以污水污泥是一种可再生能源,国家支持其开发利用的技术进步。作者也已研究成用污水污泥生产洁净工业型煤技术,能真正"充分利用污水污泥的热值"。且其投资仅为污水处理厂总投资的 10％左右,处理污泥还有盈余。

6. 污水污泥可作制砖泥料的塑化料

污水污泥是有机物和无机物的聚合物。无机成分与制砖黏土相近,尤其是颗粒很细;有机物中微生物形成的菌胶团与其吸附的有机物和无机物,形成了一个稳定的胶体分散系统,具有很好的黏接性。能提高制砖泥料的可塑性,提高泥料中黏土颗粒的结合能力和流动能力,还可提高砖坯的干强度降低干燥损坏率。

7. 污水污泥可作成孔加气料用于生产多孔轻质砖

为了生产隔热轻质砖,通常在制砖泥料中加入聚苯乙烯微粒或锯末。当向制砖泥料中加入 14％的锯末,可以使红砖的重量减轻 36％,这是因为锯末燃烧过程中放出气体,使砖坯内产生大量的微小孔洞,降低了砖的容重,提高了砖的隔热性能。而污水污泥中的有机质粒度远比锯末细小,又更容易拌和均匀。所以生产烧结轻质砖用污水污泥比锯末好。

但是轻质砖不仅强度低,抗冻性能也差。

8. 污水污泥中石灰对烧结砖的影响

在废水处理过程中,特别是用石灰进行稳定化处理时,使污水污泥含有大量的石灰。砖坯中的石灰使干强度降低,烧成后也会使红砖的抗压、抗折强度降低。

砖坯中 $CaO$ 含量不应大于 $10\%$,否则会缩小黏土砖的烧成范围,当 $CaO$ 大于 $15\%$ 时烧成温度范围将缩小为 $25℃$,对焙烧操作要求苛刻较难控制。如果含有颗粒大于 $2mm$ 的石灰石时,容易形成酥砖或引起砖体爆裂,还可能造成砖体变形。

如果砖坯中不含 $CaO$ 时 $Fe_2O_3$ 可烧成光亮的红色。当 $CaO:Fe_2O_3$ 大于 2 时,砖的颜色烧成浅黄或黄色。

9. 污水污泥中的有机质容易导致"黑心"砖

砖坯焙烧过程中,由于砖体内部温度低而较后燃起,在砖体外部过早烧结时内部的碳来不及燃烧而留下黑色的 $C$,还原气氛又使红色的 $Fe_2O_3$ 还原为黑褐色的 $Fe_3O_4$,共同形成了红砖的"还原黑心",将大大降低砖的抗冻性能。

污水污泥中的有机质挥发分析出量大形成严重的还原气氛,很容易形成还原黑心。特别是砖体表层的升温快很容易使表面过早烧结,阻挡了氧气进入砖体内部必然加重黑心的程度。

向制砖泥料中加入瘠化料,改善砖体中气孔状况;控制升温速度,在砖坯表层未烧结前为内部可燃物的燃尽保持足够长的时间。都是减少砖体内还原黑心的有效方法。

10. 污水污泥中的碱性氧化物复杂量大可能对焙烧产生很大影响

碱性氧化物对黏土烧结砖的性能有决定性的影响。如 $MgO$ 是砖产生泛霜的主因。$K_2O$、$Na_2O$ 不仅易造成泛霜,还引起砖体较早的玻璃化,增加焙烧收缩并促使黑心的形成。

砖的最终性能来自原料和对它的焙烧。尽管对原料的重要性能和工艺性能之间的关系研究还很不够,但上述已认知的问题已够我们操心了。一般都应进行必要的配方试验,来确定生产工艺与制砖泥料能相互适应的焙烧方案。

11. 严重的甲烷二次污染不能放纵

眼下全球变暖的温室效应中,甲烷是第二号元凶已占 23%,仅次于 $CO_2$,且甲烷的温室效应潜能是 $CO_2$ 的 21 倍。控制和减少甲烷的排放也与 $CO_2$ 一样成为当务之急。联合国也正在研究对策。

全球每年通过生物质的不完全燃烧所排放的甲烷已达 30Mt/a。专家预计到 2020 年可能增加到 37Mt/a。

污水污泥的有机物多达 50%~70%。有机物质中挥发分又高达 76%~86%,挥发分的热值占有机质热值的 70% 以上。挥发分的主要成分就是甲烷和少量的 $H_2$、$O_2$、$N_2$、$CO_2$ 等。

掺有污水污泥的砖坯在砖窑的预热带,由焙烧带流出的热烟气将其加热,经 120℃之前的干燥过程后,160~200℃时开始析出挥发分,超过 200℃直至 500℃之间,有机质的挥发分迅速大量析出。由于要 600℃左右才开始燃烧,此前析出的挥发分不能燃烧只能以冒烟的形式与烟气一齐排入大气,造成严重的甲烷二次污染。

目前,对污水污泥灰分的化学组成和挥发分中甲烷的含量研究不多,尚未见实测报告。我们只能进行一个粗略的预算:我国城市都建起生活污水处理厂后,可年产干污水污泥 1000 万吨。其中若 60% 为有机物 40% 为无机物,有机物中的挥发分为 70% 时,污水污泥的挥发分的数量可高达 420 万吨。如果今后我国年产 10Mt/a 污水污泥都直接用于制烧结砖。假设污水污泥的挥发分中甲烷只含 50% 的话,那就可能排放 2.1Mt/a 甲烷,这就相当于排放 $CO_2$ 46.2Mt/a。当然这只是在若干假设和如果的前提下得出的预测,不能以此为据。只能是给我们敲响警钟的一个预警!

**12. 假象背后的巨大能源浪费**

污水污泥在砖窑的预热带析出挥发分带走了 70% 的热值。有机质燃烧热仅有约 30% 可能用于烧砖。这当然可以为烧结砖厂节约相当量的燃料。污水处理厂直接把污水污泥送到烧结砖厂,付少许的处理费就了事,倒也简单、省钱、省事。还声称:"既避免了污水污泥的环境污染,还实现了资源化利用"! 这些只是以局部的眼光看问题。

国外有一例生产轻质保温砖的烧结砖厂,日产 18 万块标准砖。用锯末 14t,锯末的热值为 18.48MJ/kg,仅预热带随烟气排出的挥发分就造成每天损失热量多达 6.6t 标准煤,一个工作年度就损失标准煤 1650t。

按前述的粗略预算,如果今后全国城市都建成生活污水处理厂后,都把污水污泥直接用于制烧结砖的话,每年将损失挥发分 420 万吨。有资料称污水污泥挥发分的热值为 23MJ/kg,总热量损失就高达 330 万吨标准煤。这是节约型社会所允许的吗!

**13. 污水污泥应怎样用于烧砖**

要既充分利用污水污泥的热值和灰分实现节能省土,又不造成甲烷二次污染的前提下,用污水污泥制烧结砖只有两种方法:要么将窑内预热带的挥发分引出来将其烧掉,要么先把挥发分烧掉后再用于制砖。其实国外早有成功的先例。

西德设计过一种垃圾制烧结砖的焙烧窑。采用两条紧挨而进车方向相反的隧道窑,互相让一个窑内预热带里砖坯中有机质析出的挥发分在另一个窑内完全烧掉。

德、日等国都是把污水污泥先焚烧后,再把焚烧灰用于制烧结砖。

# 参考文献

[1]商业部燃料局．煤渣矸石石煤的利用[M]．北京:中国财政经济出版社,1975．

[2]四川省建材局．烧结承重空心砖[M]．北京:中国建筑工业出版社,1977．

[3]西北建筑设计院．烧结砖石工艺设计[M]．北京:中国建筑工业出版社,1982．

[4]殷念祖,等．烧结砖瓦工艺[M]．北京:中国建筑工业出版社,1983．

[5]苏国淮,等．怎样烧砖瓦[M]．北京:中国建筑工业出版社,1986．

[6]史君洁．节煤小立窑烧砖新技术[J]．《砖瓦》,4/1986．

[7]史君洁．实用炊事炉灶节能技术[M]．北京:化学工业出版社,2010．